Cerecedo Sáenz
Salinas Rodríguez
Hernández Ávila

O Rift de Molango

Cerecedo Sáenz
Salinas Rodríguez
Hernández Ávila

O Rift de Molango

o Rift do Molango e os seus recursos minerais

ScienciaScripts

Imprint

Any brand names and product names mentioned in this book are subject to trademark, brand or patent protection and are trademarks or registered trademarks of their respective holders. The use of brand names, product names, common names, trade names, product descriptions etc. even without a particular marking in this work is in no way to be construed to mean that such names may be regarded as unrestricted in respect of trademark and brand protection legislation and could thus be used by anyone.

Cover image: www.ingimage.com

This book is a translation from the original published under ISBN 978-620-2-15100-9.

Publisher:
Sciencia Scripts
is a trademark of
Dodo Books Indian Ocean Ltd. and OmniScriptum S.R.L publishing group

120 High Road, East Finchley, London, N2 9ED, United Kingdom
Str. Armeneasca 28/1, office 1, Chisinau MD-2012, Republic of Moldova, Europe
Printed at: see last page
ISBN: 978-620-7-66896-0

Conteúdo

A fissura do Molango não é apenas uma maravilha geológica, é também o passado do nosso planeta, uma testemunha silenciosa das forças naturais aterradoras que actuaram sobre ele; fornece-nos surpresas dos tesouros naturais da terra com minerais régios, incluindo alguns dos minérios mais raros do mundo, bem como metais de base para a indústria, e fornece-nos os elementos energéticos da terra que vão da natureza para o nosso serviço.

Embora o tempo tenha obscurecido as evidências das épocas primitivas do nosso planeta, hoje o progresso científico nas áreas das ciências da terra revelou algumas das suas origens, a sua idade e como surgiu a vida na terra.

Assim, a fenda de Molango é um monumento do tempo, que guarda um calendário dos mundos perdidos. Que são o diário de bordo da longa viagem dos continentes.

Assim, desde os antigos séculos de hipóteses com erros na formação do sistema solar, a evolução do conhecimento da Terra e do cosmos tem sido exponencial.

Mas ainda há fronteiras e espaços de estudo para conhecer as suas relações; assim, a curiosidade natural do homem com a terra leva-o a perguntar ^Que outro mundo é este sob os nossos pés? Como é que se forma uma fenda? As fendas são os cornos da abundância ou são completamente estéreis? Os minerais de Jos são uma consequência das fendas? É possível chegar a uma precisão tal que permita localizar tesouros minerais no tempo e no espaço das fendas? Serão as fendas as pedras angulares da civilização devido ao seu conteúdo metálico estratégico?

Os autores

RESUMO

Um rifte é uma grande fissura na crosta terrestre, que começa como uma pequena fenda derivada de tensões geradas nas placas tectónicas e que, ao interagirem entre si, principalmente nas zonas de subducção, provocam um movimento geodinâmico na crosta. Assim, ao longo de milhões de anos na história geológica de um rifte, diferentes ambientes podem estar associados a diferentes tipos de mineralização durante ou após a sequência do rifte, e devido aos fenómenos associados às tensões geradas durante a formação do rifte.

Por exemplo, a formação de depósitos estratiformes e de veios é atribuída à precipitação de minerais a partir de soluções hidrotermais. Em certos casos, a reconstrução do regime tectónico, a associação litológica e as características químicas, incluindo o teor em REE, permitem a correlação de depósitos sedimentares antigos com os que se formam atualmente no fundo do mar ou em fontes termais continentais.

Aqui apresentamos um caso de estudo da prospeção de um Depósito Sedimentar Exalante Exalante (SEDEX) no distrito manganês-ferroso de Molango Hidalgo, para o efeito realizámos a análise estratigráfica, tectónica e geodinâmica da área de estudo permitindo-nos conhecer a localização da bacia associada à localização de um depósito com estas características. Neste trabalho obtivemos evidências que nos permitem determinar que o depósito se localiza numa sequência siliciclástica de ambiente redutor, a tectónica é compatível com um modelo geodinâmico extensional. Numa sequência com elevada silicificação e que apresentava dois tipos de mineralização numa sequência sedimentar, os minerais apresentados por difração de raios X (DRX) foram: pirite, calcopirite, pirrotite, esfalerite, quartzo alfa e quartzo alto.

A análise por espetrometria de plasma acoplado por indução (ICP) das amostras representativas dos arenitos e xistos aflorantes da Formação Huayacocotla do membro indiferenciado estudado neste trabalho 6 apresentou valores de metais de base de 30 ppm de Zn e 9 ppm de Cu. Foram obtidos valores elementares igualmente elevados com os seguintes valores 82 ppm para Ba, 0,9 % Al, 0,17 % Ca, 1,64 % Fe, 0,08 % Ti, 40,8 % Si, Bi 2 ppm , 20 ppm Ce, 2,2 ppm Co , 30 ppm Cr, Cs 2.7 ppm , 0,9 ppm de Er , Ga 2,5 ppm , 1,6 ppm Gd , Ge 1,5 ppm , 9 ppm de La, 71 ppm Li , 104 ppm Mn, 10 ppm Nd , 17 ppm Rb, 2ppm Se, Sr 9 ppm , 10 ppm Ta , Te 6 ppm , 1,3 ppm de U , V 28 ppm , 9 ppm , e 0,7 ppm Yb. Enquanto em menor proporção de metais preciosos foram encontrados como Au <0,02 g / t, Pd <0,05 g / t, Pt <0,05 g / t.

Por outro lado, como resultado das jangadas exalativas nos minerais exalíticos num ambiente geodinâmico extensional, pudemos classificar este depósito SEDEX como um subtipo Shelwyn.

INTRODUÇÃO

Atualmente, estão em curso trabalhos de exploração para localizar depósitos minerais de interesse económico. O estudo das estruturas geológicas, dos seus processos de formação e da sua influência no enriquecimento de elementos estratégicos e preciosos para o desenvolvimento de novas e melhores aplicações tecnológicas é, por conseguinte, importante para a economia mundial.

Do mesmo modo, existe muita informação que relaciona a mineralização de diferentes depósitos com a evolução de estruturas geológicas específicas.

Em particular, no caso da mineralização de Pb-Zn associada à idade Jurássica na cordilheira Mor no Paquistão, que foi colocada durante a formação da cordilheira (singénica), bem como numa fase posterior (epigenética), sendo do tipo SEDEX [1], com calcários argilosos como substituição estratiforme, pirites em matriz de esfalerite com galena em xisto preto. Preenchimentos de fissuras tipo "seam-like", compostos por carbonatos do Jurássico Inferior e uma sequência de rochas siliciclásticas marinhas. Em alguns casos, há evidências de remobilização que ajudam a estabelecer um carácter sinsedimentar, onde o tamanho do grão dos minerais contidos é geralmente consideravelmente fino [2, 3].

Além disso, em depósitos supergénicos de Zn não sulfetados, os oxi-hidróxidos de Fe estão principalmente concentrados em zonas residuais (Gossan) [4], que se formam em sistemas contendo elementos como Zn, Pb, Co, REE, Sc, Ga, Ge, V, entre outros. Da mesma forma, os depósitos Cu-U-V foram colocados no mesmo contexto tectónico, alojados em arenitos vermelhos do Triássico e localizados na mina Eureka no norte de Espanha [5], mostrando alteração supergénica com dispersão de níquel e cobalto. O vanádio foi encontrado como vanadatos, enquanto o bismuto como óxidos e os fosfatos de terras raras como monazite e xenotime. Este facto é importante, porque é amplamente 8 aceitou que os depósitos sedimentares do Red Bed e outros depósitos sedimentares estratiformes ocorrem em tais ambientes [6].

Entretanto, é descrito na Mongólia um afloramento que mostra a mineralização de Nb-Ta [7], presente numa sequência bimodal de rochas félsicas peralcalinas. A1И, os processos tectónicos produziram mineralização de Zr, Nb, terras raras pesadas, Y, U, Th e Ta; enquanto as rochas félsicas peralcalinas formaram Li-F com mineralização de Sn, W, Ta, Li e Nd. Além disso, a ocorrência de granitos peralcalinos está presente no nordeste da Mongólia, onde o Nd-Ta está associado à mineralização de REE e zircão.

Do mesmo modo, foi mencionado que outras fontes alternativas para a localização de terras raras são os sedimentos do fundo do oceano, da plataforma continental, de rios, riachos e lagos. Existem também depósitos de fosforitos, resíduos industriais como lama vermelha, fosfogesso, cinzas volantes de carvão, resíduos mineiros, drenagem ácida de minas e resíduos electrónicos [8].

Em particular, um rifte é uma grande fissura na crosta terrestre, que começa como uma pequena fissura derivada das tensões geradas nas placas tectónicas e, à medida que estas interagem entre si, principalmente nas zonas de subducção, provocam um movimento geodinâmico na crosta. Assim, ao longo de milhões de anos na história geológica de um rifte, é possível que vários tipos de mineralização possam estar associados durante ou após a sequência do rifte, e devido aos fenómenos associados às tensões geradas durante a formação do rifte.

Por conseguinte, no quadro tectónico de diferentes Rifts explorados em todo o mundo, foram encontrados diferentes tipos de mineralização. Por exemplo, em Tongkuangyu, no norte da China, a mineralização de cobre de idade paleoproterozóica é descrita devido a dois eventos; o primeiro são sulfuretos de cobre de camada vermelha que se formaram durante a regressão metamórfica, e o segundo são sulfuretos do tipo veio derivados da remobilização de sulfuretos da primeira fase por infiltração de fluidos externos, tais como água do mar residual e fluidos metamórficos à superfície [9].

Do mesmo modo, a mineralização de ouro ligada ao Haoyaoerhudong Grabo do norte da China está relacionada com uma estrutura extensional do tipo Rift, com elevados teores de ouro (148 g/ton) alojados em estratos protezóicos gerados num ambiente extensional pós-orogénico. Este mesmo Gabro tem características calcárias-alcalinas, enriquecimento de elementos litófilos de iões grandes (LILE), bem como elementos de terras raras leves [10].

Por outro lado, um dos maiores depósitos de Fe-REE-Nd do mundo é Bayan Obo na Mongólia, que está localizado numa estrutura do tipo rift [11]. Da mesma forma, determinou-se que os fluidos que formam esta mineralização são semelhantes aos depósitos localizados em várias partes do mundo, que contêm carbonatitos e rochas alcalinas ^gneiss com teores adequados de REE. Para além disso, outros elementos com óxidos de Fe e teores de Cu-Au-REE têm uma fonte fluida diferente nas rochas ^gneiss associadas encontradas no depósito de Bayan Obo. Também foram encontrados afloramentos com bons teores de ouro e Fe [10] em algumas estruturas do tipo rift em sistemas magmáticos hidrotermais.

Assim, a ocorrência de REE associada a estruturas do tipo rifte tem provas a nível mundial. Atualmente, estão em curso trabalhos de exploração para localizar depósitos minerais de interesse económico. Por conseguinte, o estudo das estruturas geológicas, dos seus processos de formação e da sua influência no enriquecimento de elementos estratégicos e preciosos para o desenvolvimento de novas e melhores aplicações tecnológicas é importante para a economia mundial.

Atualmente, este tipo de prospeção não foi realizado no México, pelo que é interessante realizar estes estudos pioneiros como o que aqui se apresenta, pois podem fornecer dados valiosos sobre a presença de minerais estratégicos (REE) e do grupo da platina (EGP).

Desta forma, este trabalho contribui para a consolidação inovadora da exploração de depósitos minerais estratégicos, uma vez que permitiu a validação de áreas de possível exploração no continente, minimizando os custos directos de exploração.

Por fim, os resultados apresentados são eficazes e rentáveis na determinação do ambiente geodinâmico possível para os parâmetros de classificação das estruturas tipo rift, começando pelo reconhecimento no terreno de correlações estratégicas relacionadas com transgressões marinhas contemporâneas do rifting em zonas atualmente emergentes.

CAPÍTULO 1

ANTECEDENTES

Para o desenvolvimento deste trabalho foi utilizado um método de prospeção indireta, amplamente descrito num trabalho de prospeção de platina e ouro nesta área [18]. De acordo com esse trabalho, em primeiro lugar, foi efectuado um trabalho de campo procurando a base da fase transgressiva que foi previamente identificada como uma sequência siliciclástica marinha de idade Jurássica Inferior. Além disso, a informação obtida foi correlacionada com outros afloramentos, como o encontrado na Formação San Cayetano em Matahambres, Cuba [19]. Por outro lado, para identificar corretamente o afloramento e realizar a amostragem, considerou-se analisar as transgressões marinhas e considerar, em particular, as formações que contêm um depósito geológico sedimentar de idade jurássica inferior [20], integrando estudos geológicos, estratigráficos e estruturais. Assim, aquando da localização do afloramento, as amostras foram obtidas por perfuração na área descoberta. A perfuração foi efectuada com uma sonda de perfuração portátil (JKS, Winkei, GW-15), com motor de dois ciclos, arrefecido a ar e a gás. O núcleo de perfuração obtido tinha uma profundidade de 9 metros e 0,03175 metros de diâmetro. As amostras obtidas foram homogeneizadas e cortadas em quartos para obter uma única amostra homogénea a ser caracterizada. A caraterização realizada neste trabalho foi executada com o objetivo de obter dados precisos das fases mineralógicas presentes, para o que foi proposta uma análise geral de fases por difração de raios X (DRX), em que as amostras foram trituradas até um tamanho médio de partícula inferior a 78 pm e colocadas num difratómetro de raios X Equinox 2000 (INEL, Artenary, França, localizado na UAEH) com radiação CoKa 1. A identificação das fases baseou-se nas bases de dados COD Inorganics 2015 do software Crystallography Open Database Math (v.1.10, Crystal Impact, Bona, Alemanha). Além disso, os estudos de caraterização foram completados por Scanning Electron Microscopia (SEM) para identificar a textura, granulometria e morfologia das fases detectadas; Do mesmo modo, a análise por mapeamento de raios X e espetrometria de dispersão de energia (EDS) ajudou a determinar a composição pontual e semi-quantitativa de algumas das fases previamente identificadas, utilizando um microscópio eletrónico de varrimento JEOL modelo JSM-IT300 (JEOL Ltd, Tóquio, Japão, localizado na UAEH) e um detetor de raios X OXFORD (OXFORD Instruments, Oxford shire, Reino Unido) com uma tensão de aceleração de 30 kV. Para obter uma análise representativa, as amostras de pó foram colocadas na amostra em camadas uniformes e foram efectuadas rotinas quantitativas pontuais em grandes áreas de varrimento (cerca de 4,5 mm 2).

Para a análise química, foi efectuada uma análise de espetrometria de plasma indutivamente acoplado (ICP-MS) pela Actlabs (Activation Laboratories Ltd., Ontário, Canadá) para encontrar a composição média total da rocha da fase mineralizada, em que o anoma positivo tem teores ligeiros de terras raras e de minerais do grupo da platina (EGP). A metodologia utilizada neste caso foi a seguinte: as amostras foram fundidas e depois diluídas e analisadas por um espetrómetro Perkin Elmer Sciex ELAN 9000 ICP-MS (localizado na Actlabs, Canadá). O branco fundido foi analisado em triplicado e os duplicados foram analisados a cada 10 amostras, tendo o instrumento sido recalibrado a cada 44 amostras. Finalmente, para determinar o teor de Au e Pt dos concentrados de minério, foi efectuada uma análise de cupelização num forno da série EMISION CL. A preparação das amostras foi efectuada utilizando bórax, PbO, cinza de osso, carbonato de sódio como fundente, bem como prata (99,99 de pureza); a temperatura de fusão foi de 1000 °C durante 90 minutos. Posteriormente, foi efectuado o processo de separação das escórias, obtendo-se um botão com valores de Ag, Pt e Au. Em seguida, a libertação de Au do botão foi realizada em cadinhos de porcelana numa placa quente a 120 °C, adicionando 15% de ácido nítrico para dissolver Ag, obtendo-se uma solução de nitrato de prata. Em seguida, a libertação de Au e Pt foi efectuada utilizando água régia com a adição de 10% de ácido clorídico, com agitação em tubos de ensaio. A determinação dos teores de Au e Pt foi efectuada utilizando um ICP-OES ICP Varian 735ES, em que as amostras foram analisadas com um mínimo de 10 materiais de referência certificados, todos preparados com fusão de peróxido de sódio. Cada 10 amostras foram preparadas e analisadas em duplicado e o branco foi renovado a cada 30 amostras. Os padrões internos foram utilizados como parte das operações padrão.

Por outro lado, há dois aspectos a considerar: a classificação do depósito e a associação mineral. No primeiro caso, foi considerada uma mineralização do tipo SEDEX porque foram reconhecidos dois tipos de mineralização: filónica e estratiforme, tal como foi referido anteriormente [19]. Na explosão filónica, as taxas foram observadas no stockwork em direção à base, que naturalmente não cortou o topo da sequência sedimentar. Aqui, infere-se que podem corresponder a canais de emissão, como apontado por Wang et al [21]. Por outro lado, a mineralização do tipo SEDEX [1] é estratiforme e concordante com xistos, sedimentos de xisto de origem submarina, bem como em algumas zonas, apresentando grande xistosidade [22] e falhas [23]. Assim, pode inferir-se que a idade desta mineralização é anterior ao desenvolvimento das serras e montes desta zona, o que está associado à xistosidade e à pirite. Adicionalmente, infere-se aqui que, talvez devido a condições redutoras, tenha sido favorecida a precipitação dos sulfuretos observados na amostra de mão, como a pirite finamente disseminada [20] e a esfaletina em menor proporção [24], que, em alguns casos, apresenta cristalização framboidal [25] e crescimentos botróides, mostrando que a sua formação corresponde a uma natureza química, formada em ambiente submarino [2,3]. Assim, tudo isto se aproxima de uma mineralização SEDEX do tipo Selwyn [26], porque a natureza da Formação Huayacocotla de idade Jurássica Inferior é de natureza siliciclástica de um ambiente redutor de minerais do tipo SEDEX [1, 13]. Finalmente, a baixa quantidade de níquel e outros teores metálicos como o crómio e a associação de Fe e Mg [27]. Da mesma forma, outros elementos de afinidade ultrabásica estavam presentes nesta mineralização, e os resultados adicionais encontrados permitem classificar este sítio como SEDEX [12, 13]. No entanto, considerando estes resultados e os teores significativos de platina na forma metálica, este depósito pode ser subclassificado como um subtipo mais regional.

1.1 Enquadramento geológico.

Em termos de geologia regional, os trabalhos de Cantu-Chapa [28,29,30], que, com base em evidências biogeográficas de amonites do Permiano ao Jurássico Inferior, fornecem provas sólidas para explicar a origem do Golfo do México com estreita afinidade com a margem ocidental da Pangéia. Ele descreve três chaves para isto; durante o Bajociano ele menciona que há evidência para a ocorrência da amonite stephanoceras durante a margem ocidental da América (Alasca, Canadá, EUA, Venezuela, Peru, Argentina e Chile) e aqui no México em Oaxaca.

A segunda amonite Wagnericeras do Batoniano - Caloviano aparece num ciclo transgressivo no leste e sudeste do México. Este evento é particularmente importante porque localiza com muita precisão a colocação da mineralização SEDEX aqui estudada. E a terceira pista é fornecida pela ocorrência de muitos cefalópodes conhecidos do Permiano ao Jurássico que são relativos apenas à margem da província do Pacífico.

Da mesma forma, Carrillo [31], efectuou um estudo geológico detalhado da Formação Continental Caloviana de leito vermelho denominada Formação Cahuasas, formada por espessuras poderosas até dois mil metros; particularmente esta Formação é importante para os fins deste trabalho porque representa uma mudança na taxa de sedimentação, onde num período relativamente curto durante o Caloviano foi depositada uma grande espessura de sedimentos clásticos. Confirma-se assim um critério de classificação de uma megaestrutura antiga de tipo rift.

Para este trabalho, foi também tida em conta a descrição litológica de Ochoa [32] do distrito manganês-^ferroso de Molango Hidalgo, enriquecendo esta informação com outros autores que estudaram a zona. As formações aflorantes são mencionadas mais detalhadamente a seguir.

GEOLOGIA LOCAL

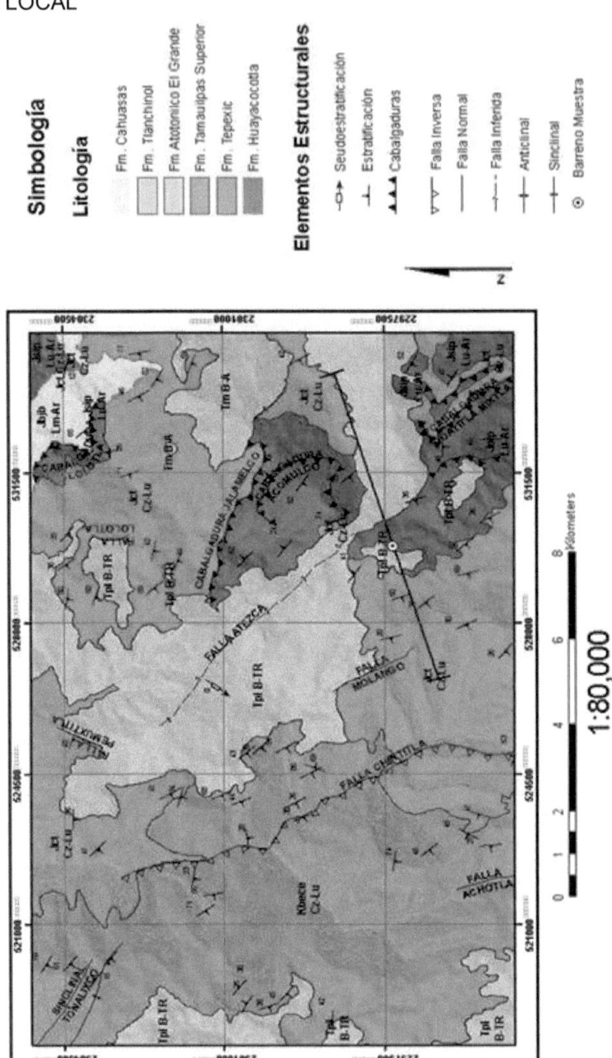

Figura 1. mapa geológico da área de estudo 1:80.000

1.2 Estratigrafia
Gneis Precambrico
Huiznopala

Esta Formação foi descrita pela primeira vez por Von Kuegelgen em Ochoa [32] enquanto o seu nome foi atribuído por Fries [34], a sua localidade tipo situa-se nos vales do rio Claro, da ribeira de Agua de Sal e da ribeira de Acatepec e são as rochas mais antigas da área de estudo que foram descritas como duas classes de rochas cristalinas metamórficas, ortognaisse e paragnaisse.

Jurássico Inferior
Formação Huayacocotla

A Formação Huayacocotla é definida por Erben [33]. Em geral, consiste em xistos escuros com intercalações de arenitos e conglomerados com lentes esparsas de calcário, tem material vegetal considerável na parte superior e inferior do topo e contém carbono em direção ao topo Imlay [34]. Em Hidalgo, a sua espessura máxima está exposta; o membro inferior é constituído por conglomerado, arenito, siltito e xisto com exoclastos, que contêm fósseis retrabalhados como fusilinídeos e crinóides, o membro intermédio é constituído por conglomerado, arenito, siltito e xisto com amonites e o membro superior é formado por arenito, siltito, xisto e conglomerado com a presença de plantas fósseis continentais. A espessura desta formação varia entre 500-1000m, com um afinamento progressivo dos afloramentos meridionais para norte e leste. Os seus contactos inferiores e superiores são geralmente discordantes com a Formação Cahuasasas; em algumas áreas onde a Formação Cahuasas perde a sua continuidade, a Formação Huayacocotla pode ser encontrada coberta pela Formação Tepexic numa inconformidade angular Ochoa *op.cit* [32]. Nos flancos sudoeste e nordeste do rifte.

Vale a pena mencionar que, mais a norte, a 300 km no Anticlinório Huizachal-Peregrina, o equivalente estratigráfico da Formação Huayacocotla é designado por Aloformación la Boca Rueda-Gaxiola [32] que, com base num conjunto de palinomorfos encontrado nesta aloformação, Rueda *op. cit.* interpreta um ambiente costeiro, numa bacia pouco circulante. Interpretações relativamente mais recentes consideram que a presença de uma fauna relativamente variada de amonites e peleptípodes sugere condições de deposição marinha pouco profunda e de baixa energia em zonas de plataforma próximas do continente.

Figura 2. Em 1, afloramento da porção média da Formação Huayacocotla na ponte

do Rio Chinameca; em 2, uma falha normal na Formação Huayacocotla; em 3, a unidade superior da Formação Huayacocotla de xisto com plantas.

Jurássico Médio

Formação Cahuasas.

Essas rochas foram originalmente consideradas como parte da Formação Huizachal [31,32]. Carrillo [31] propôs informalmente o nome Cahuasas para os leitos vermelhos que afloram no Anticlinório Huayacocotla de idade Jurássica Média. Mais tarde, em 1965, o mesmo autor formalizou esta proposta. A localidade-tipo está situada em Rancho Cahuasas, Hidalgo, no Rfo Amajac, a sudeste de Chapulhuacan, Hidalgo. Em geral, esta unidade é constituída por arenito vermelho, conglomerado e siltito; acrescenta ainda que, na estrada Tianguistengo-Rancho Mixtla, a unidade é representada por cerca de 4 m de conglomerado mal ordenado em camadas espessas, composto por fragmentos subangulares de arenito quartzoso vermelho a cinzento-escuro; o diâmetro dos fragmentos varia de 1 a 15 cm, aproximadamente; imediatamente acima encontra-se um pacote de 35 m de siltito vermelho e arenito argiloso em camadas médias a espessas; por outro lado, a ravina de Rfo Amaxac é composta por conglomerados mal classificados, arenito, arenito conglomerático, xisto e siltito vermelho contendo abundantes flocos de mica branca; os arenitos e conglomerados são frequentemente estratificados de forma cruzada. Carrillo *op.cit.* relata mais de 1200 m na ravina do Rfo Amajac; enquanto no Rfo Claro é representado por mais de 250 m. Em torno de Tianguistengo, Hidalgo, a Formação Cahuasas está discordantemente subjacente à Formação Taman e discordantemente sobreposta à Formação Huayacocotla; na Rfo Amajac, esta unidade sobrepõe-se a calcários e calcários arenosos com fauna caloviana e sobrepõe-se a sedimentos da Formação Huayacocotla; no Rfo Claro a sul-sudeste de Huayacocotla, Veracruz e na região de Huehuetla-Cueva Ahumada, também assenta em camadas liásicas (Jurássico Inferior) e é discordantemente sobreposta por calcários do Jurássico Superior [32]. Salvador in Maynard [27] menciona que a composição litológica, a ausência de fósseis, a distribuição geográfica, a mudança abrupta de espessura e as relações estratigráficas sugerem que os leitos vermelhos do Jurássico Médio foram acumulados como leques aluviais e como depósitos fluviais e lacustres; ele também acrescenta que a presença de leitos vermelhos não marinhos sobrepostos à Formação Huayacocotla (marinha) é indicativa de uma regressão durante a parte inicial do Jurássico Médio. Devido à sua semelhança litológica com a Formação La Joya, infere-se que esta unidade foi depositada em leques aluviais, numa planície aluvial continental acima da linha supramareana em condições áridas ou semi-áridas; numa planície aluvial marinha abaixo do Hmite supramareano ou por inundação fluvial. Por outro lado, Salvador [38] correlaciona-o tentativamente com a Formação La Joya (Anticlinório Huizachal-Peregrina), com base na semelhança litológica e nas relações estratigráficas. Carrillo-Bravo [31], com base na sua posição estratigráfica, atribui-lhe uma idade mais jovem que o Pliensbachiano e mais antiga que o Caloviano; ou seja, abrange parte ou talvez todo o Jurássico Médio.

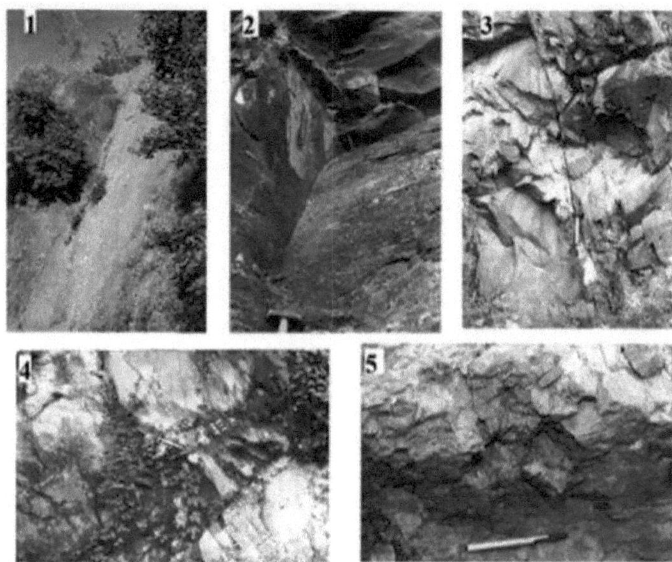

Figura 3, Diferentes litologias da Formação Cahuasas. Em 1, a Formação Cahuasas, com leitos vermelhos de clastos mal classificados de 1 cm a 50 cm, na figura 2 litologia fina de aspeto margoso, na figura 3 falha normal com alteração clorítica, figura 4 falha intraformacional com quartzo e barita, figura 5 cobre em leitos vermelhos.

Formação Tepexic.

A primeira referência a esta unidade foi feita por Imlay [34]. Localiza-se na ponte Mamposteria de Acazapa, a jusante da fábrica Tepexic. Erben [33] refere que esta unidade é constituída por calcários impuros cinzentos a cinzentos escuros, de grão grosseiro, com muitos grãos de quartzo; apresenta também calcarenito cinzento escuro a cinzento quase negro; a estratificação é pouco marcada, atingindo as margens espessuras de cerca de 30-50 cm; em muitas ocasiões a base da sequência é formada por um calcário conglomerático. A Hmita inferior da Formação Tepexic é concordante com a Formação Huizachal; enquanto em outras áreas repousa em discordância com as formações Cahuasasas Cantu-Chapa, [28,29,30], Huayacocotla, Suter em Okita [20]. A Hmita mais superior é geralmente concordante com a formação; no entanto, foi documentado que em algumas áreas esta unidade está subjacente à Formação Taman e à Formação Chipoco. Finalmente, Cantu-op.*cit.* menciona que a noroeste de Poza Rica esta unidade repousa sobre a Formação Palo Blanco. Erben refere que esta unidade representa depósitos marinhos transgressivos e que a fauna encontrada (pelartrópodes e amonites) indica que foi depositada perto da costa, ou nas partes um pouco mais profundas da costa. Por outro lado, Suter [20] refere que a deposição desta unidade iniciou uma transgressão marinha e que foi depositada numa área elevada, que coincide com uma parte do que foi chamado Alto de Ixtla para o período deposicional da Formação Cahuasasas; refere também que, com base em dados paleontológicos

15

reportados por Aguayo [35] e Cantu-Chapa [28], o ambiente deposicional mudou de litoral para mais profundo ao longo do tempo. Na designação original, Erben [33] propõe uma idade caloviana para esta unidade. Na Sierra Madre Oriental Cantu-Chapa [30] atribui uma idade do Caloviano médio, com base na presença do ostreídeo *Liogryphaea nebrascensis* e das amonites dos géneros *Neuqueniceras* e *Reinekeia*. No subsolo de Poza Rica, Cantu-Chapa [30] interpreta esta unidade como tendo um intervalo estratigráfico desde o Batoniano até ao Caloviano. Cantu-Chapa [29,30] menciona que a Formação Santiago e a Formação Huehuetepec (respetivamente) representam um equivalente lateral da Formação Tepexica. Humphrey e Imlay [34] consideram que esta unidade é equivalente à Formação Minas Viejas do Golfo de Sabinas no NE do México, e a partes da Formação Novillo-Zuloaga.

Figura 4.   Afloramento da Formação Tepexica

Jurássico Superior
Formacion Santiago.

Esta unidade foi proposta por Cantu-Chapa, [28], na vertente ocidental do Rio Moctezuma (Taman, San Luis Potos^, perto da foz do Arroyo Santiago, de onde deriva o nome desta formação. Nesta localidade, a secção apresenta uma certa complexidade estrutural, pelo que se considera conveniente propor uma secção de referência principal (lectótipo) ou várias secções de referência, sendo que esta última constituiria um estratótipo composto por "xistos calcários cinzentos escuros até 40 cm de espessura, apresentam uma clivagem diagonal nos planos de acamamento que, por vezes, conduz a erros de medição dos dados estruturais, e apresentam também nódulos calcários intercalados". Cantu-Chapa [29] reconhece que a base da formação em Pisaflores, Tajo de Tetzintla, Hidalgo; Huauchinango-Villa Juarez, Puebla, é representada por xistos negros a cinzentos escuros, altamente fracturados com nódulos calcários cinzentos escuros e em Huehuetla,

16

Hidalgo, por intercalações de xistos negros carbonosos e camadas de calcário com espessuras que variam de 2-3 m e 5-10 cm, respetivamente. Na sua localidade tipo Cantu-Chapa [28] mediu uma espessura de 160 m, menciona a presença de dobras assimétricas que poderiam implicar repetições em alguns pontos da secção, o que teria repercussões na espessura real. A Hmite inferior é transicional e concordante com a Formação Tepexica, exceto no embasamento da zona de Soledad-Miquetla, onde se sobrepõe à Formação Palo Blanco Cantu-Chapa, [28] e na zona de Huiznopala, onde assenta diretamente sobre o Gneiss Huiznopala Ochoa-Camarillo [32]. A Hmite superior é transicional e concordante com a Formação Taman, exceto em Molando, Hidalgo, onde subjaz discordantemente à Formação Chipoco. Por outro lado, em Taman, San Luis Potosi Pisaflores, Hidalgo e Rfo Tezcapa, Puebla, a Hmita inferior não aflora. Na parte média da Formação Santiago, foi depositada em condições marinhas calmas e redutoras em fácies de bacia. Cantu-Chapa [28] atribui uma idade de Caloviano médio - Oxfordiano superior a esta formação. Nas localidades de Pisaflores, Hidalgo e na estrada Huauchinango-Villa-Juarez, Puebla, atribui uma idade do Caloviano médio com base na presença de espécies de amonites pertencentes ao género *Reineckeia*, nestas localidades apenas aflora a parte inferior desta formação. Cantu-Chapa regista a presença dos géneros de amonite *Perisphinctes* e *Dichotomosphinctes* na localidade tipo e menciona a semelhança faunística com a encontrada em San Pedro del Gallo, Durango, o que lhe permite atribuir uma idade Oxfordiana tardia. Cantu-Chapa refere que a Formação Tepexica, para além de ser mais antiga do que a Formação Santiago em algumas localidades, representa também uma mudança lateral com a Formação Santiago durante o Caloviano Médio, esta última baseada na semelhança do conteúdo paleontológico entre as duas formações.

Formação Chipoco

Foi definida por Hermoso de la Torre [35], A localidade tipo situa-se na zona da cava de Tetzintla, situada junto à localidade de Chipoco. Trata-se de um conjunto de rochas sedimentares dispostas com uma alternância de calcários e xistos calcários cinzentos escuros. A idade foi atribuída a esta formação com base em *amonites do Idocerano* e do _Glocerano_ que compreendem o Kimmeridgiano inicial ao Titoniano inferior de Ochoa [32].

Figura 6.   Afloramento da Formação Chipoco

Formação da pimenta

Definido por Heim, em Ochoa [32]. No Rancho Pimienta, localizado a cerca de 300 m a oeste da estrada México - Laredo (Km 337 - 338), no território de San Luis PotosL. Consiste em calcário com uma textura de "lodos de cores claras, limpos ou com pouca argila, microforaminíferos planctónicos e lentes de sílex; lodos negros, recristalizados, castanho-escuros; por vezes com abundante Saccocoma sp. na parte média e calcário argiloso e com radiolários na parte inferior. Esta formação está concordantemente subjacente à Formação Chapulhuacan, a leste da plataforma Valles-San Luis Potos^ e à Formação El Abra. No poço Valle de Guadalupe (PEMEX), está concordantemente sobreposta à Formação Taman. A idade desta formação foi determinada com base no seu conteúdo de amonites como sendo Tithoniana e é correlacionável no tempo com as Formações La Casita e La Caja.

O seu ambiente deposicional é uma plataforma submersa instável, com águas calmas, claras e de salinidade normal. Varia de plataforma externa a bacia, com baixa energia (PEMEX, 1988, Salvador [36].

Figura 7.   Afloramento da Formação Pimenta

Formação Tlanchinol

Esta Formação foi nomenclatada por Robin [37], para rochas vulcânicas aflorantes ao longo da estrada de Tlanchinol a Huejutla, Hidalgo. A localidade tipo não está definida, no entanto, Suter [20] refere que as rochas que afloram ao longo da Carretera Federal 105, a norte de Tlanchinol, podem ser consideradas como a secção tipo. Ochoa [32] menciona que em Cerro Las Puentes, Hidalgo, esta unidade é constituída por uma série de afloramentos basálticos intercalados com horizontes piroclásticos, tufos aéreos e alguns afloramentos andesfíticos. A espessura registada para esta unidade é muito variada; foram registadas espessuras de fusão gradual de aproximadamente 30 m a norte de Tlanchinol até uma espessura máxima de 750 m observada em Tlanchinol e Quetzalzongo. Esta unidade assenta sobre rochas pré-cambrianas, sedimentos marinhos do Jurássico e do Cretáceo, com acentuada inconformidade angular e erosional; enquanto assenta discordantemente sobre o Gneiss de Huiznopala e formações de sequência do Jurássico e do Cretáceo e subjaz a rochas da Formação Atotonilco El Grande. A Formação Tlanchinol está discordantemente subjacente à Formação Chicontepec nas localidades de Olotla e Tlamamala, Estado de Hidalgo. Os basaltos alcalinos desta formação são considerados como tendo sido produzidos por vulcanismo fissural durante o Miocénico Superior.

Formação Atotonilco El Grande

Esta formação foi definida por Geyne [37] e é encontrada na periferia da cidade de Atotonilco El Grande, Estado de Hidalgo, A localidade tipo desta formação está localizada na periferia da cidade de Atotonilco el Grande, Estado de Hidalgo. É composta principalmente por camadas de textura variável, desde o lamaçal ao conglomerado. Na área a litologia consiste principalmente numa sequência de vulcanismo bimodal de rochas vulcânicas tais como basaltos, intercalados com tufos de composição riohítica, dacítica e andesfítica; lindinzite uma vez que nos encontramos no centro do que foi outrora um vulcão e na parte da escarpa, na parte inferior existem blocos de extensão que indicam a simetria de um rift da mesma forma que Robin [37] considerou estes tufos como ignimbritos. E a espessura desta Formação é estimada em mais de 400 m, de acordo com afloramentos nas proximidades de Molango. As rochas da Formação Atotonilco El Grande têm uma idade PHocénica.

Figura 8.   Derrames de basalto da Formação Atotonilco El Grande

1.3 Transgressões na zona de Molango, Hidalgo.

O trabalho mais importante de modelação da direção das transgressões no México é o de Cantu Chapa, [38]. A Figura 2, ah mostra as zonas da principal transgressão marinha no Jurássico Inferior, que mostra a Formação Huayacocotla. Durante o Liasico, a possível persistência de mares salobros do Triássico ocorreu na parte central da República, especialmente nos estados de Hidalgo, partes ocidentais de Veracruz e norte de Puebla, Cantu [30]. A porção inferior do Jurássico Inferior, (Formação Huayacocotla), é siliciclástica marinha por deposição de uma incursão marinha do Tétis, e possíveis transgressões e regressões durante o Jurássico Inferior são consideradas. A acumulação destas sequências é dominada por rochas continentais (Formação La Joya, Formação Nazas) devido à evidência de plantas nestas últimas, tais como Otozamites, Ptilophylum e Williamsonia, provenientes de um ambiente costeiro. Como mostra a Figura 2, possíveis transgressões e regressões durante o Jurássico Inferior são consideradas na maioria dos terrenos emersos da república.

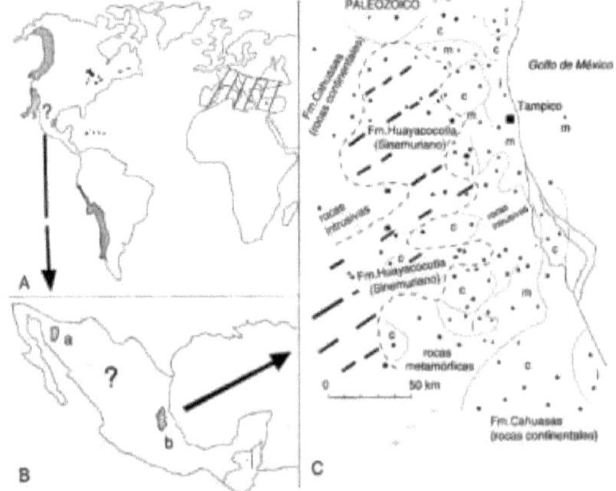

Figura 9.   Transgressões marinhas do Jurássico no México.

20

O Golfo do México durante o Jurássico Médio teve uma mudança abrupta de espessura no seu embasamento, com acumulações de leitos vermelhos (Formação Cahuasas) progredindo para leques aluviais e depósitos fluviais e lacustres do embasamento rifte ou sistema degraben, onde a fase do início da desagregação da Pangéia deu origem ao Golfo do México, gerando a placa norte-americana, a placa sul-americana e a placa africana [36]. Durante o Jurássico Médio houve uma emersão do continente mexicano, com evidências de um soerguimento inicial a partir do Jurássico Inferior (Formação La Joya, Formação La Boca) [31], nas águas rasas do golfo com condições de alta e baixa energia depositaram-se leitos de calcarenito e xisto (Formação Tepexic, Formação Santiago), a disposição irregular dos leitos de calcarenito e xisto (Formação Tepexic, Formação La Joya, Formação La Boca, Formação La Boca, Formação La Joya, Formação La Boca) [32], Formação Santiago), a disposição irregular dos depósitos indica a existência de ilhas e canais no mar na parte centro-leste do México durante o Caloviano e a rutura e separação da Pangeia que levou à formação de pilares tectónicos e trincheiras tectónicas. Uma extensa transgressão que começou no início do Jurássico Superior e culminou no Cretáceo Superior fez com que o mar migrasse para áreas de graben, delineando ilhas e penínsulas que controlam os padrões de sedimentação. Entretanto, no México central, durante este intervalo de idade, foi depositada a Formação Santiago, que consiste em calcário preto, microcristalino, bem estratificado, de grão fino e xisto preto do ambiente de plataforma aberta Cantu-Chapa [30].

A transgressão maior, representada por fácies calcárias negras com intercalações rítmicas de xisto negro, apresenta nódulos, bandas e lentes de sílex negro e cinzento. A Formação Chipoco é baseada em amonites do género Idoceras e Glochiceras, a formação está depositada num ambiente sedimentar, marinho, de plataforma pouco profunda e a idade da Formação Pimienta foi obtida pelo conteúdo faunístico que inclui espécies como: Calpionella alpina, restos de equinodermes e tintmídeos. De acordo com a sua fauna e litologia, infere-se que foi depositada em condições de plataforma com comunicação com o mar aberto e uma contribuição importante de temgens finas, com uma mudança litológica para o topo que se explica por uma variação nas condições batimétricas correspondentes a mares pouco profundos de baixa energia; as descrições litológicas acima referidas dão-nos uma imagem geral de que a bacia na parte central foi invadida por incursões marinhas causadas pela transgressão do Jurássico Superior que continua até ao final do Cretácico Inferior.

1.4 GEOLOGIA LOCAL

Na área de estudo afloram arenitos e xistos correspondentes à Formação Huayacocotla do Jurássico Inferior Sinemuriano-Pliensbaquiano, com fósseis retrabalhados, que se sobrepõe a calcários e xistos da Formação Tepexic do Jurássico Médio Caloviano, devido à sela do porto de Ermitage, evidência de um evento de compressão. Também são visíveis os derrames basálticos da Formação Atotonilco El Grande, de idade Piacenziana-Gelansiana. Figura 10

Figura 10.   Observa-se a estratificação da Formação Huayacocotla.

Na área de estudo, observa-se a olho nu uma forte oxidação com uma ramificação de veios de quartzo Stockwork, como consequência da circulação de fluidos hidrotermais que foram conduzidos através de uma rede de fracturas perto do fundo do mar, alterando o leito rochoso e introduzindo a mineralização existente, como se pode ver na Figura 11. Observa-se também uma grande quantidade de pirite disseminada, Figura 12.

Figura 11: É possível observar a mineralização de stockwork.

Figura 12: Observa-se a disseminação de pirite.

Na correlação estratigráfica mostrada na Figura 1, onde A) está localizada a NE da área de estudo, na direção de Xochicoatlan, onde afloram a Formação Tepexic, a Formação Tlanchinol e a Formação Atotonilco El Grande, com a ausência da

Formação Huayacocotla nesta área. B) Esta coluna situa-se a SE, em direção a Coatitlamixtla, onde afloram a Formação Huayacocotla, a Fm. Tepexic e a Fm. Atotonilco El Grande. C) esta coluna está a SW, onde se situa a área de estudo, onde afloram a Formação Huayacocotla, a Formação Tepexic e a Formação Atotonilco El Grande. D) esta coluna está a NW, na direção de Molango, onde também se observam a Formação Huayacocotla, a Formação Tepexic e a Formação Atotonilco.

Observa-se um ciclo transgressivo do Jurássico Médio da Formação Tepexica na direção NE-SW, com as menores espessuras nas colunas B e C, aumentando na direção da coluna A, contra a coluna D, onde são exibidas as maiores espessuras com afinidade continental. Possivelmente de origem pré-cambriana, e continuando no Jurássico Médio na Formação Cahuasasas, é de referir que é notável outra fase transgressiva N-S, que coincide com falhas normais pré-cambrianas e do Jurássico Médio localizadas em Ixtlahuaco e
em orthogneis.

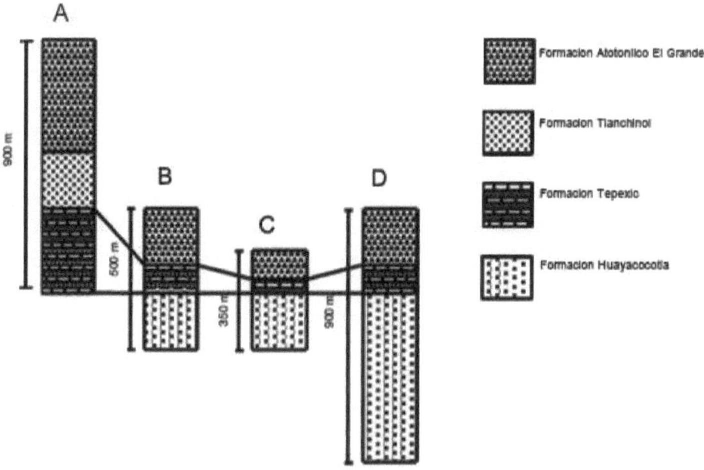

Figura 13. Correlação estratigráfica da área de Xochicoatlan, Hidalgo.

1.5 TECTÓNICA

Maynard e Klein [27] que constroem um modelo de subsidência; De facto, em três áreas diferentes sujeitas a efeitos de subsidência, Witwasterand, África do Sul (Au), White Pine, Canadá (Cu), e Molango, México (Mn), estudam as bacias sedimentares como uma ferramenta para fins de prospeção mineral, porque anteriormente esta técnica só tinha sido utilizada para localizar petróleo e gás, os autores mencionados demonstraram, com base em estudos geocronológicos, que as formações que afloram nos diferentes distritos mineralizados têm uma elevada eficiência para a procura de minerais inorgânicos. Em particular, na área de Molango, descrevem que observaram uma estrutura em forma de bacia com lineamentos controlados por falhas distribuídos pela região, e calculam uma extensão de 1,1 para o período inicial do rifte culminando até 1.3, e com raios de subsidência de 50 m/mi, com o que comprovam um grande episódio de subsidência diferencial que coincide na sua base

23

com a maior atividade tectónica na base da bacia, e referem que a mineralização de manganês está relacionada com o início da subsidência e com o início de uma incipiente incursão marinha de natureza oxidante proveniente do Golfo do México combinada com a presença de manganês dissolvido nas águas redutoras da bacia. Isto é importante porque neste trabalho a fase de subsidência a que os autores se referem, acompanhada de maior atividade tectónica, corresponde à Formação Huayacocotla onde se localiza a mineralização de um depósito sedimentar exalativo (SEDEX) aqui estudado. No entanto, é necessário salientar que existe uma ambiguidade quanto ao facto de existirem pelo menos dois eventos de subsidência e que é mais correto falar de efeito transgressivo do que de subsidência no distrito de Molango.

Entretanto, os três principais eventos tectónicos da fenda do Molango são uma fase tectónica pré-Laramídica com predominância de tensões extensionais, uma fase compressional Laramídica e, finalmente, uma fase pós-Laramídica.

Assim, a fase de extensão começou durante o Jurássico Inferior e terminou no final do Jurássico Médio. Isto levou à formação de pilares e fossos tectónicos, que são delimitados por falhas normais orientadas a NNW-SSE e N-S. Todas as falhas observadas do Jurássico Inferior estão a delimitar afloramentos do embasamento cristalino. Durante o Jurássico Médio, continuaram as deformações distintas, que em parte levaram à formação de novas fossas e pilares tectónicos, evidenciadas pela terminação lateral abrupta dos leitos vermelhos da Formação, indicando que foram depositados num sistema de fossas.

As rochas sedimentares do Jurássico e do Cretáceo foram dobradas entre o Cretáceo Superior (Orogenia Laramide), formando um complexo de dobras de impulso localmente designado por Anticlíneo Huayacocotla, cuja complexidade é causada pela geometria estrutural pré-existente do subsolo, bem como pelos sedimentos horst e Grabens desta região. O descolamento basal das estruturas Laramide encontra-se na Formação Huayacocotla, que repousa sobre o embasamento metamórfico pré-cambriano. Decapagem de dobras e planos. Outro fenómeno Laramide é a reativação das falhas normais jurássicas como falhas inversas, que delimitam o horst jurássico de Huiznopala (subsolo superior) no seu lado oriental. Esta inversão está associada a um máximo local de encurtamento relativo. A evidência deste encurtamento manifesta-se a leste do alto do embasamento de Huiznopala, onde a cobertura sedimentar é intensamente dobrada, sendo a cobertura acima do alto do embasamento menos dobrada. Entre as formações de Santiago e Chipoco existe um rift tectónico. A sua origem remonta à orogenia Laramide. A separação abrupta de manganês na base da Formação Chipoco, a ausência total de manganês no topo da Formação Santiago e a mudança litológica abrupta entre estas duas formações, sugerem uma mudança abrupta nas condições físico-químicas da trincheira onde a Formação Santiago estava a ser depositada, o que se pensa ser devido à comunicação entre a Trincheira Huayacocotla e o Golfo do México, que também permitiu a comunicação entre os oceanos Pacífico e Atlântico.

O último evento tectónico deve-se à extensão pós-Pliocénica, evidenciada por falhas normais de tendência NW-SE. Estas delimitam o graben do Molango. O graben tem mais de 10 km de comprimento e uma queda de 200 m.

As rochas sedimentares do Jurássico Cretácico foram dobradas durante o Cretácico Superior até ao Eocénico Superior (Orogenia Laramide), e formaram um conjunto complexo de dobras e impulsos (Huayacocotla Anticline), nesta área é possível observar a reativação como falhas inversas das falhas normais do Jurássico, o que permite inferir um horst Jurássico nas proximidades, (basement high); esta inversão pode ser devida a um encurtamento relativo máximo local. São inferidas evidências a leste do alto do embasamento, onde a cobertura sedimentar é intensamente dobrada, enquanto a cobertura sedimentar do alto do embasamento é menos dobrada. O possível depósito de cobre-prata está localizado exatamente na zona de maior complexidade estrutural. Nas proximidades do empuxo Naopa, e com empuxos intraformacionais da Formação Cahuasas.

Eventos de divulgação

Durante o Jurássico Inferior e Médio, isso levou à formação de fossas tectónicas e pilares delimitados por falhas normais. No Jurássico Médio, a formação de fossas e pilares tectónicos continua e é evidenciada pela terminação abrupta dos leitos vermelhos da Formação Cahuasasas. As rochas sedimentares do Jurássico e do Cretáceo foram dobradas durante o Cretáceo Superior e o Eoceno Superior, no que é conhecido como Orogenia Laramide, formando um conjunto complexo de dobras e impulsos denominado Anticlíneo Huayacocotla. Finalmente, houve um evento tectónico extensional pós-Plioceno, evidenciado por falhas normais que delimitam um graben como o graben de Molango.

1.6 Rift Molango

Trata-se de uma depressão topográfica formada por efeitos de subsidência causados por falhas normais relativamente paralelas, que estão associadas à atividade vulcânica e sísmica.

Os geossinclinais desenvolvem-se apenas nas margens como resultado da separação ao longo de braços de fenda activos. Por outro lado, um Aulacogénico é uma estrutura tectónica que é iniciada por uma fase de extensão numa determinada região, quando esta fase cessa e não apresenta um aspeto tectónico bem formado, recebe o nome de Aulacogénico. Entre as duas estruturas, rift e Aulacogénico, existe uma diferença que permite reconhecê-las, o rift continua com uma fase de extensão após a sua origem, o Aulacogénico começa como um graben estreito, limitado por falhas, mais tarde alarga-se, a direção das tensões produz falhas mergulhantes e é também quebrado por falhas.

Para reconhecer a presença da estrutura tectónica principal em Molango, Hidalgo, foram também tidos em conta os seguintes critérios

1) Fluxos de basalto e rochas bimodais ^gneiss

Molango apresenta uma sequência de carácter bimodal (Robin 1979) que inclui as formações Tlanchinol e Atotonilco el Grande, ambas de idade cenozóica.

2) Orientações com controlo de falhas

Suter (1990) e Carrillo-Martinez (1991) descreveram a tectónica de uma parte da Sierra Madre Oriental e de parte da Bacia de Tampico-Misantla; descreveram também alinhamentos controlados por falhas de noroeste-sudeste; Ochoa Camarillo (1996, 1997) descreve alinhamentos controlados por falhas de noroeste-sudeste e norte-sul na parte central do Anticlinório de Huayacocotla.

3) a topografia de bacias e serras manifesta-se nesta área como resultado da

geometria estrutural pré-existente de fossos e pilares, com algumas falhas a delimitar pilares e fossos tectónicos, outro vestígio é fornecido pelo poço de pilcuautla que corta o subsolo.

4)   Alterações laterais de fácies

Na fissura do Molango, há mudanças laterais de fácies em curtas distâncias como no Jurássico Médio com duas litologias formando a Formação Cahuasasas, bem como a Formação Chipoco do Jurássico Superior mudando lateralmente para a Formação Taman.

5)   Alteração da sedimentação

Observa-se uma taxa de sedimentação rápida nas formações paleozóicas (Otlamalacatla e Tuzancoa) a leste de Molango e na formação Huayacocotla do Jurássico Inferior. De forma mais notória, observa-se uma sedimentação rápida na sequência de leito vermelho do Jurássico Médio da Formação Cahuasasas. De ritmo lento, representando o início de um ciclo sedimentar da bacia num ambiente pouco profundo e continuando com a Formação Santiago argilosa e a Formação Chipoco do Jurássico Superior.

Em áreas limitadas da região de Molango, a Formação Chipoco sobrepõe-se à Formação Pepienta, que representa uma fase avançada de sedimentação da bacia ou fase de subsidência, que continua com a Formação Tamaulipas inferior. Estas formações de taxa de sedimentação lenta têm sido consideradas, em diferentes graus, como rochas portadoras de hidrocarbonetos.

6)   AnomaHas magnéticos A carta magnética F14D51 contém provas de anomaHas magnéticos.

CAPÍTULO 2

METODOLOGIA

2.1 Método de trabalho

O presente trabalho baseia-se numa extensa compilação de dados bibliográficos da área de Molango, Hidalgo, que serviu para conhecer as características estratigráficas e tectónicas da área. Foi possível tomar vários locais de referência como pontos estratégicos para a recolha de dados de campo, o que nos permitiu posteriormente correlacionar e comparar dados tectónicos e estratigráficos e conhecer as características paleoambientais da zona.

O conhecimento das características paleogeográficas permite-nos conhecer o padrão das transgressões que afectaram o território de Hidalgo durante o Liasico. Esta informação foi muito útil para o planeamento das saídas de campo para o reconhecimento da área, recolha de dados, amostragem e prospeção mineira. Por outro lado, com base nesta informação, foi possível definir pontos favoráveis ao povoamento mineral, dando como consequência a localização de depósitos minerais de interesse económico.

Realizou-se uma série de saídas de campo para o reconhecimento da zona, visitando a área descrita pelos autores consultados e localizando as diferentes litologias descritas na zona, assim como a localidade tipo da Formação Huayacocotla, zona de interesse mineral. De igual modo, em algumas destas secções foram realizados levantamentos estratigráficos com fins descritivos para o seguinte trabalho, sendo de destacar que se propõe um ponto de afloramento da Formação Huayacocotla, zona onde se realizou um levantamento estratigráfico específico e uma série de amostragens, incluindo sondagens na zona.

A partir da contagem dos dados estratigráficos e estruturais foi possível determinar a afinidade tectónica da região e inferir quais os ambientes predominantes na época e qual a megaestrutura que corresponde a este tipo de variáveis litológicas e dinâmicas. Estes dados permitem-nos localizar alvos de exploração.

2.2 Localização e vias de acesso

O município de Molango e os seus arredores fazem parte da área de estudo, situa-se na parte norte do Estado de Hidalgo a 20°40' - 21°05' N e 98°33' - 98°50' W a uma altitude de 1620 m.a.s.l. Situa-se no Anticlinório de Huayacocotla, que faz parte da cintura de dobras e cristas da Sierra Madre Oriental.

A estrada federal 105 México-Huejutla de Reyes é a estrada de acesso mais importante à área de estudo, que se situa nas imediações do município de Molango, com destaque para a cidade de Xochicoatlan, localizada a nordeste do município.

Figura 14. Localização e estradas de acesso à área de estudo.

2.3Trabalho de campo
2.3.1 Formação Huayacocotla
A Formação Huayacocotla está localizada nas coordenadas N 20°44.644'y W98°42.566' a uma altitude de 1524 m acima do nível do mar, este afloramento tem aproximadamente 15 m de altura e é composto por lutitas vermelhas ao ar livre e lutitas pretas ao ar livre dispostas em placas, todo o afloramento é altamente alterado, com áreas de milonitização por ação tectónica e meteorização por agentes adversos como observado no
figura

Figura 15, afloramento da Formação Huayacocotla membro de xisto, e em 2 afloramento da Formação Huayacocotla com xistos em placas, martelo à escala de 30 cm.
É de salientar que este afloramento não tem interesse económico, uma vez que não se trata do membro onde se encontra a mineralização do tipo SEDEX da Formação Huayacocotla.

Figura 16.   Lutites em placas da Formação Huayacocotla. (1) Lajes em fresco de cor preta, moeda de cinco pesos mexicanos à escala de 3 cm aproximadamente, (2) Planos das lutitas a lápis à escala de 10cm aproximadamente.
Este afloramento está localizado nas coordenadas N20°45.983' e W 98°41.863'.
Com uma latitude de 1767 m.a.s.l., esta porção da Formação Huayacocotla é composta por estratos centimétricos a métricos de arenitos cinzentos frescos e xistos ocre e cinzento-escuro intemperizados.
O afloramento é claramente afetado pela tectónica da área, mostrando uma

dobragem abrupta de falhas N-S.

Figura 17.   (I) Afloramento da Formação Huayacocotla, (2) estratos de arenito com xistos, (3) amostra de mão de um xisto.

A Formação Huayacocotla nesta área é representada pelo terceiro membro descrito por Imlay [34] e, de acordo com este estudo, as suas condições ambientais na época e a tectónica geral de para a colocação de minerais característicos de um depósito do tipo SEDEX.

Foram recolhidas no campo evidências morfológicas como material silicificado de stockwork e um contacto com fragmentos e pseudo-estratificação vertical mostrando vestígios de fumadores negros, fósseis encontrados na área, bem como evidências mineralógicas como a ocorrência de jarosite e minerais disseminados como a pirite, posteriormente verificados pela geoquímica das amostras recolhidas.

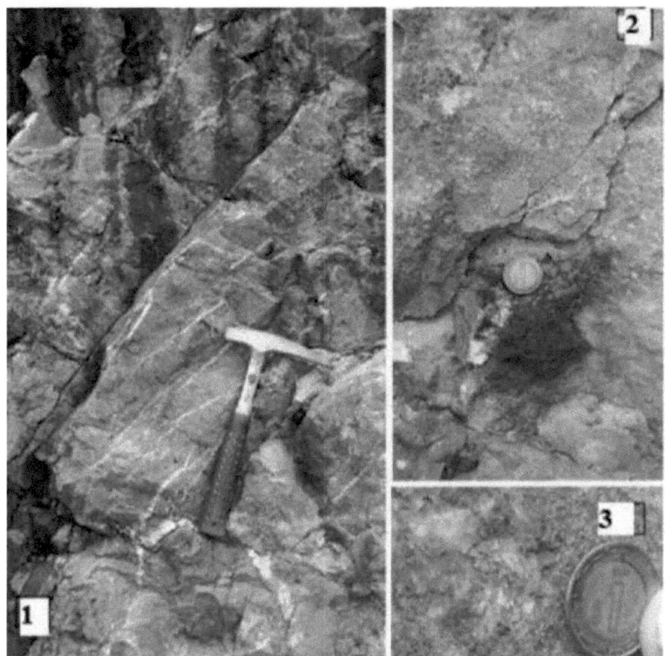

Figura 18.   (I) mineralização do tipo stockwork, (2) jarosite, (3) pirite disseminada, (4) pirite, (5) pirite, (6) pirite, (7) pirite, (8) pirite, (9) pirite.

Nesta zona, foi efectuado um furo de sondagem para obtenção de um testemunho de trado, como mostra a figura 19. De facto, para a escolha da localização do furo considerou-se em primeiro lugar um local onde as características estratigráficas correspondem a rochas de idade Jurássica Inferior, considerou-se também o critério de localização de uma zona de falha relacionada com pilares tectónicos possivelmente pré-cambrianos que formaram a topografia local pré-existente, além disso, considerou-se esta área para perfuração, devido à mineralização observada de exalitos, além de uma estrutura típica de stockwork.

Figura 19.   sondagem por amostragem com diamante.

É de referir que o afloramento selecionado tem cerca de 10 a 100 metros de espessura, é constituído por xistos negros intercalados com arenitos. Os xistos negros contêm intervalos de pirite disseminada, os horizontes piritosos têm uma estrutura sedimentar, alguns estratos estão alterados, observando-se zonas de oxidação com minerais de ferro e manganês, e elevada silicificação com pirite, Um fator importante é a ocorrência de falhas normais entre o gnaisse pré-cambriano ou as rochas vulcaniclásticas e vulcaniclásticas paleozóicas durante a sedimentação da Formação Huayacocotla, com zonas de forte silicificação com pirite.

A Formação Tepexic situa-se nas coordenadas N 20° 444.977' W 98° 42.957' a 1530 m de altitude e é composta por calcários cinzentos de estratos métricos. Esta formação representa o início dos depósitos de carbonato na área, marcando a mudança de ambiente na área para um ambiente oxidante, por estas razões pode dizer-se que a Formação Tepexic representa a base de uma sequência marinha.

Figura 20.   Afloramento da Formação Tepexica, escala pessoal de aproximadamente 1,60m.

2.3.3 Formação Santiago

A formação Santiago está localizada nas coordenadas N 20°46.697' e W 98°43.563' em

Figura 21, afloramento da Formação Santiago, escala pessoa de aproximadamente 1,75m, xistos da Formação Santiago martelados até cerca de 30cm.1767 masl, é composto por xistos com um elevado teor fossilífero.

2.3.4 Formação de pimenta

A Formação Pimienta localiza-se nas coordenadas N 20°42.983' e W 98°42.190' a 1731msnm. É composta por uma sequência litológica de estratos centimétricos de calcários cinzentos e pretos intemperizados, intercalados com xistos carbonosos, veios de calcite e nódulos de sílex. É afetada por uma série de falhas e dobras que a atravessam devido a tensões causadas pela abertura do Golfo do México e pela compressão da orogenia Laramide. Esta formação contém

Figura 22, Fotografia panorâmica de afloramento da Formação Pimienta, (II) Fotografia em grande plano de calcários negros e xistos carbonosos da formação, martelo com cerca de 30 cm e (III) veio de calcite, moeda mexicana de cinquenta centavos.

pregas de arrasto características do tipo chevron
Uma série de dobras em chevron e uma sequência de falhas alinhadas a NW podem ser observadas ao longo da formação. Foram medidas duas falhas no afloramento e foram obtidos os seguintes dados: a falha 1 tem um ataque de 20°NW e um mergulho de 18° SE, enquanto a falha 2 tem um ataque de 60°NW e um mergulho de 20° SE.

Figura 23, Fotografia panorâmica das dobras em chevron da Formação Pimienta, (II) Fotografia em grande plano das dobras em chevron.

2.3.5 Formação Chipoco

A Formação de Chipoco localiza-se nas coordenadas N 20°43.539' e W 98°42.982' e é constituída por estratos que vão desde calcários esféricos de manganês centimétricos a decimétricos, de cor negra e avermelhada opaca quando intemperizados e negra a púrpura profunda quando frescos. Nesta formação encontram-se minerais de manganês como a rodocrosite, a kutnaurite e a pirolusite. Alguns autores consideram-na como

Figura 24, (I) afloramento da Formação Chipoco, (II) calcário manganesífero, aproximadamente 10cm de lápis.

como a formação que marca a abertura do Golfo do México.

2.3.6 Formação de Tlanchinol

A Formação Tlanchinol é composta de basaltos maciços de cor avermelhada em amostras intemperizadas e pretas quando frescas. São de grande interesse para este estudo porque as rochas gnáissicas bimodais representam um dos parâmetros de Jowet (1986) que são úteis para a identificação de um rift antigo.

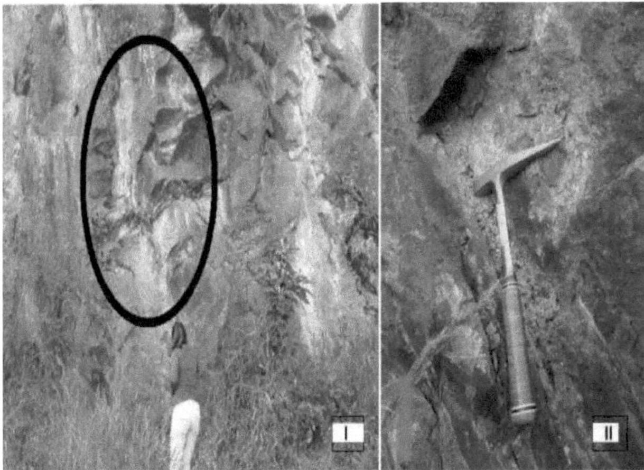

Figura 25, (I) afloramento da Formação Tlanchinol, (II) basaltos maciços, escala do martelo cerca de 30cm.

2.3.7 Formação Atotonilco el Grande

A primeira recolha de dados foi realizada nas coordenadas N 20° 20'11.2" e W 98°42'24.9" com uma altitude de 2006 msnm na zona de San José, Hidalgo, num afloramento da

Formação Atotonilco El Grande; o afloramento mostra uma grande quantidade de caliche nas fracturas, o que representa uma evidência de movimentos tectónicos recentes que podem não ter mais de 10.000 anos e minerais de sulfato de cálcio e possivelmente jarosite. Algumas amostras de mão contêm minerais escuros, o que é importante no caso dos sulfatos porque indicam um pH extremamente ácido, aproximadamente pH 1,2 durante a sua formação. É importante referir a altura do nível do mar durante a formação destes calcários, que é de 2006 m, pois infere-se que esta formação aflora a 756 m de profundidade, de acordo com os dados recolhidos no campo. A seguinte fotografia, que designamos por A, mostra no afloramento onde se observam fracturas com tendência NW-SE e o alinhamento preferencial das estruturas N-S, no afloramento existe alteração propilítica na fracturação e alterações diagenéticas de clorite, no referido afloramento observam-se diferentes níveis de depósitos: I) na base há depósitos calcários interdigitados com estilólitos de calcite paralelos à estratificação, ao mesmo nível há clastos mal ordenados e depósitos de vertente. II) apresenta uma maior alteração hidrotermal na qual se inicia a distribuição de clorite. III) a distribuição dos clastos é mais homogénea e apresenta uma melhor distribuição da clorite. IV) Nesta zona a temperatura na altura da formação era mais elevada, pelo que a alteração propilífica é abundante.

Foram tiradas fotografias de três secções do afloramento, nas quais se observaram as alterações características das diferentes fases. A fotografia B mostra clastos mal seleccionados de aproximadamente 2 cm, encontrados no nível IV do afloramento. A fotografia C é uma imagem semi-detalhada que mostra a alteração diagenética e a alteração das argilas por hidrotermalismo, levando à produção de clorite, que é melhor observada no nível III. Finalmente, na imagem D, observam-se calcários com estilólitos paralelos à estratificação presente no nível I.

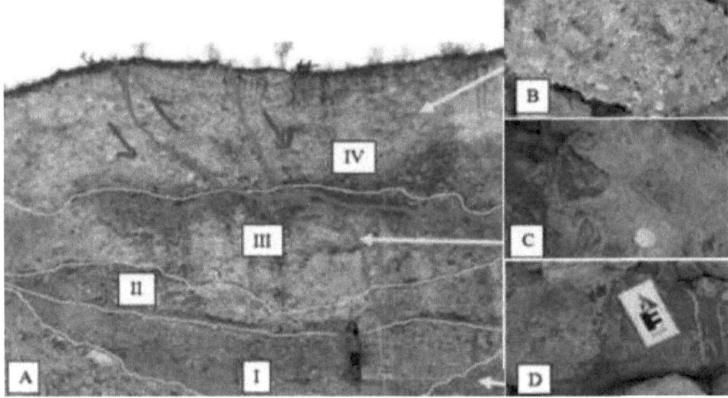

Figura 26, (A) Afloramento da Formação Atotonilco El Grande, (B) Imagem de semi-detalhe da parte IV do afloramento, (C) Imagem de semi-detalhe representativa de hidrotermalismo e alterações diagenéticas, (D) Imagem de semi-detalhe de calcário com estilólitos, (E) Imagem de semi-detalhe de calcário com estilólitos, (F) Imagem de semi-detalhe de calcário com estilólitos.

2.3.8 Cerro colorado

Na localidade de Cerro Colorado, Hidalgo, nas coordenadas N 20° 24' 29.4 e W 98°41 '43.4" com uma altitude de 1872 m.s.n.m. Foram observadas várias características que serão descritas de seguida. Na Figura 27, a imagem E mostra um afloramento com focos de ejeção (I), riolitos pseudoestratificados (II), diáclases e fracturas com direção NW-SE (III), lineamentos com direção N-S. Entretanto, a zona de escarpa tem uma inclinação de 82° e é de referir a existência de depósitos de vertente com cerca de 1,50 m. Segue-se uma descrição mais detalhada de cada um dos elementos referidos. A imagem F corresponde a uma delimitação do foco de ejeção, utilizando o pique como escala. Observa-se uma mistura de volutas, material vulcânico e riolito, o material fluido forma um halo com uma hemicircunferência de 7 m e uma espessura de halo de 10 cm de riolito. É de referir que neste afloramento se observa um indicador de gradiente térmico diferencial e a espessura do halo é de aproximadamente 10 cm.

Figura 27, (E) Imagem geral do afloramento da localidade de Cerro Colorado, (F) estrutura do afloramento, (G) riolitos na periferia do afloramento martelo numa escala de aproximadamente 30cm, lápis numa escala de aproximadamente 10cm.

2.3.9 Passo de Leon

A localidade de Paso de Leon situa-se nas coordenadas N 20° 25'56.4" e W 98°41'06.2" a uma altitude de 1737 m.s.n.m. Neste afloramento, figura 28, foram obtidas amostras de mão onde se observaram indicadores de deslizamento cinemático (estrias). O afloramento divide-se em três níveis; o nível I é a frente de cornija ou escarpa, o nível II é constituído por depósitos de vertente e o nível III é constituído por uma distribuição de rocha vulcânica, Tezontle com minerais de Irinzite.

Figura 28 Afloramento ígneo de Paso de Leon.

2.3.10 Acaloma.

Nesta localidade observa-se o contacto tectónico abrupto, no qual a direção das tensões de compressão é indicada com datas que fazem com que pareça uma sela onde as rochas de idade Cretácica Superior subjazem ao Terciário. Observa-se também uma brecha tectónica de calcite com intercrescimento de calcite, o contacto é mionitizado e contém fragmentos finos de material resultante de metamorfismo de baixo grau.

Figura 29. (J) Imagem de contacto tectónico, em I rochas do Cretácico Superior, II rochas do Terciário, (K) brecatectónico com clastos de calcite.

2.3.11 San Agustin Metzquititlan.

A Formação Atotonilco el Grande é composta por basaltos colunares com cerca de 20 m de altura.

Figura 30: Basaltos colunares da Formação Atotonilco El Grande.

2.3.12 O Banco

Na localidade, o banco é um afloramento de Metá s s o mat i c , que na base é composto por perlite de vidro vulcânico e é encimado por derrames riolíticos.

Figura 31. Afloramento metassomático na Formação Atotonilco el Grande.

AMOSTRAGEM

A amostragem foi efectuada com o auxílio de uma sonda de perfuração Winkie Portable, que é uma sonda de perfuração de 2 ciclos a gás, arrefecida a ar, perfurada nas coordenadas, com uma inclinação de 45°, nas coordenadas 20° 46' 01" N e 98° 41' 86". Foi extraído um núcleo de 9 metros de comprimento e com um diâmetro de 1,23 polegadas na área de estudo, que foi previamente programada após ter sido efectuado o reconhecimento da geologia da área, bem como das estruturas presentes, para além disso com a ajuda da mineralogia foi possível inferir o local onde seria de interesse perfurar para conhecer um pouco mais sobre o depósito, inferindo com base na reconstrução paleogeográfica a presença de metais de base no depósito.

Figura 32, Máquina de perfuração na área de estudo.

O núcleo de perfuração foi amostrado a cada 0,25 m e foram obtidas 36 amostras, das quais 9 amostras foram caracterizadas pelos diferentes métodos geoquímicos.

Quadro 1, classificação e profundidade das amostras

Número de amostras	Nome das amostras	Profundidade (cm)
1	XOCH-100	100 cm
	XOCH-200	200 cm
	XOCH-300	300 cm
	XOCH-400	400 cm
5	XOCH-500	500 cm
	XOCH-600	600 cm
	XOCH-700	700 cm
8	XOCH-800	800 cm
	XOCH-900	900 cm

Também foi possível identificar alguns minerais nas amostras de trado, como quartzo, monazita, pirita, calcopirita e muscovita Figura 33.

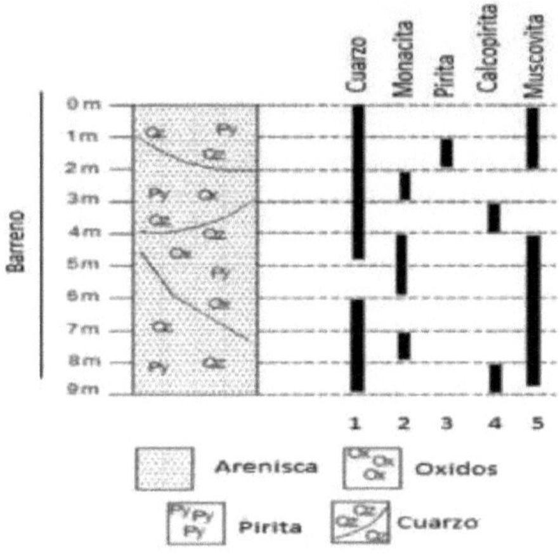

Figura 33, distribuição relativa dos minerais no furo de sondagem.

2.4 ANÁLISE POR DIFRACÇÃO DE RAIOS X (DRX)

A técnica de difração de raios X é muito útil para identificar as fases dos minerais, podendo obter-se uma grande variedade de dados, tais como: o sistema cristalino dos diferentes minerais, a sua composição aproximada, o tamanho dos cristais, a cristalinidade, o alinhamento preferencial, entre outros. Devido à sua versatilidade e à grande quantidade de dados que fornece, é uma técnica muito popular.

A fonte ou tubo utilizado gera radiação de cobalto e tem uma arquitetura de detetor curva que utiliza uma mistura de gás inerte, como o etano-argónio.

A potência de funcionamento deste equipamento, (Figura 34), é geralmente de 20 mA - 30 Kv. Por outro lado, a amostra é preparada para uma granulometria fina de 35np ou 200 mesh da série de Taylor. Utiliza-se um pilão de ágata e um almofariz para pulverizar a amostra, que pesa aproximadamente 0,5 g cada.

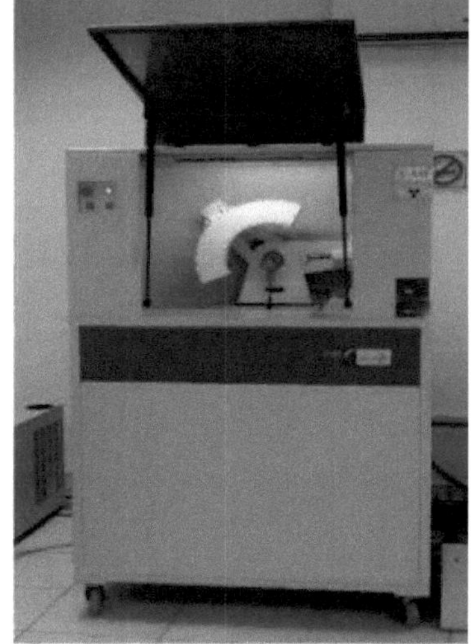

Figura 34, Difractómetro Inel, modelo Equinox 2000.

2.4.4 Preparação da amostra

As análises de difração de raios X (XRD) em amostras de núcleos foram preparadas pulverizando a amostra num almofariz de ágata até um tamanho de partícula aproximado de -10 pm, compactando-a depois num suporte de amostras de alumínio com cerca de 1 cm de diâmetro, suportado por um pistão de Al com 2,54 cm de comprimento.

A amostra, tal como montada, foi colocada num difratómetro Inel, modelo Equinox 2000, equipado com um detetor curvo que funciona com uma mistura gasosa de etano e árgon com um grau de pureza de 99,9 %. Este tipo de análise foi realizado na zona mineralizada e os dados obtidos no difractograma foram comparados e avaliados com o software de difração Match 1.0.

2.5 ANÁLISE POR MICROSCOPIA ELECTRÓNICA DE VARRIMENTO E ESPECTROMETRIA DE DISPERSÃO DE ENERGIA (MEB-EDS)

A microscopia eletrónica de varrimento SEM (figura 35) fornece a textura e a morfologia da amostra mineral. Além disso, se o EDS estiver disponível, é possível obter uma análise elementar aproximada num ponto preciso. Se for necessário observar a textura do mineral, os microfósseis existentes, a sua textura ou observar uma auréola de decomposição, deve cortar-se um pequeno pedaço de amostra, montá-lo em resina e lixá-lo e polir até obter um acabamento espelhado. Se pretender observar a amostra sem biselar nenhuma estrutura em particular, pode montar o pó numa fita SEM especial. Em ambos os casos, amostra ou fita, deve revestir com grafite se quiser determinar metais, incluindo ouro, e deve revestir com ouro elementos com baixa condutividade. Não é necessário revestir se o SEM for de baixo vácuo.

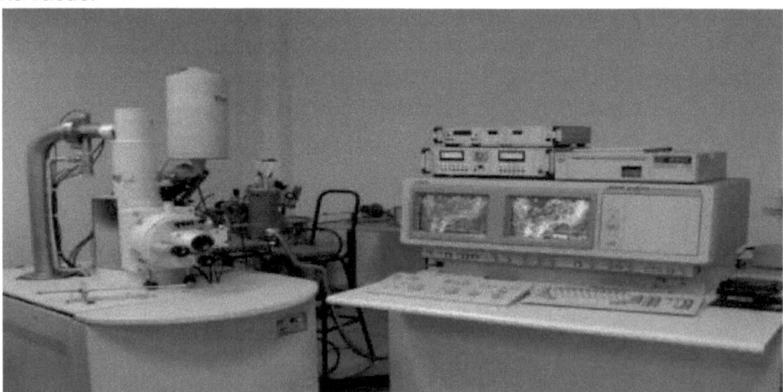

Figura 35: Microscópio JEOL JSM-6300 equipado com um detetor EDS.

3.5.1 Preparação da amostra

As amostras analisadas por microscopia eletrónica de varrimento foram utilizadas para estudar as texturas e a distribuição qualitativa dos elementos nas amostras do núcleo.

Por conseguinte, as amostras para a determinação da composição por EDS foram quarticuladas em pó mineral fino (a +200 mesh ou mais de 35 mp moídas com almofariz de ágata, montadas em folha de alumínio adesiva e não revestidas; as amostras de núcleo recolhidas foram depois cortadas e revestidas com ouro para análise num microscópio JEOL JSM-6300 equipado com um detetor EDS.

2.6 ANÁLISE POR PLASMA COM ACOPLAMENTO POR INDUÇÃO (ICP)

A espetroscopia de massa com plasma indutivamente acoplado (ICP-MS) é um método de alta resolução que permite a deteção de concentrações de elementos na ordem das partes por milhão e, a partir daí, são transformadas noutras unidades, como ppm,

gr/tonelada, ou são transformados em óxidos. É uma técnica de análise instrumental que mostra a análise química por elemento em ppb.

A química húmida é, evidentemente, uma técnica de análise química tradicional e muito precisa. Utilizando reagentes habitualmente utilizados em química, são utilizadas várias técnicas volumétricas para calcular indiretamente a quantidade de um determinado elemento químico e para fornecer com elevada precisão a percentagem do elemento químico.

Em muitas análises químicas, 1 grama é suficiente para efetuar a análise em triplicado. Através de regras de três simples, a percentagem do elemento é determinada como elemento ou como mineral, de acordo com o consumo volumétrico e requer uma variedade de reagentes químicos de elevada pureza, alguns ácidos e bases, bem como material de vidro de laboratório.

2.6.1. Preparação da amostra

A partir de um grama de amostra, são necessárias diluições de acordo com a técnica específica, são preparados padrões ou soluções com um teor específico de elementos para a curva de calibração; normalmente, é utilizado gás árgon de pureza ultra elevada para gerar o plasma.

CAPÍTULO 3

RESULTADOS

Para a prospeção da jazida SEDEX deste trabalho, foi realizada uma série de caminhadas onde foram recolhidas amostras e dados estratigráficos e tectónicos. Para conhecer a afinidade tectónica, foram analisadas as transgressões marinhas, o enquadramento estratigráfico e a tectónica da zona, o que nos forneceu a evidência, de acordo com os critérios de Jowett [40], para delimitar que a zona de estudo se situa numa bacia de extensão do tipo rift antigo.

A análise estratigráfica mostrou que a mobilização de minerais do tipo SEDEX ocorreu durante o Jurássico Inferior e foi colocada na Formação Huayacocotla durante transgressões marinhas na fase de ritfting.

Para o reconhecimento das características mineralógicas, foram efectuadas uma série de análises geoquímicas, correlacionando os resultados com as zonas previamente cartografadas por diversos autores, corroborando assim as suas condições ambientais e de formação.

A análise por DRX de cada uma das formações permite-nos conhecer as fases minerais que predominam em cada uma das formações aqui estudadas, o que nos permite conhecer as características do ambiente e da formação de cada uma delas.

Uma vez delimitado o ponto de formação de um depósito SEDEX, e extraído um núcleo de perfuração onde se efectuou a análise ICP, esta forneceu-nos resultados elementares quantitativos que nos dão parâmetros característicos de um depósito SEDEX rico em elementos como Pb, Zn, Cu, Ag, Au, Bi, Ba. Por outro lado, em

As análises SEM e EDS mostram que as pirites são pirites Hpica amorfas do tipo botroidal, provenientes de fumos exalativos, aos quais se pode atribuir a alteração do ambiente da bacia profunda.

3.1 AFINIDADE TECTÓNICA

Em particular, um rifte é uma grande fissura na crosta terrestre, que começa como uma pequena fissura derivada de tensões geradas nas placas tectónicas e que, ao interagirem entre si, principalmente nas zonas de subducção, causam um movimento geodinâmico na crosta. Assim, ao longo de milhões de anos na história geológica de um rifte, vários tipos de mineralização podem estar associados durante ou após a sequência do rifte, e devido aos fenómenos associados às tensões geradas durante a formação do rifte, como mostra o diagrama da figura 35. Na área de estudo, foram medidas espessuras de 350 m a 900 m da Formação Huayacocotla e espessuras de O horizonte produtor emergiu a 100 m, e a unidade superior de xisto com matéria orgânica aflora a 250 m de rochas sedimentares e aumenta em algumas áreas com afloramentos de rochas vulcânicas a 350 m, a porção intermédia é superior a 250 m de espessura, enquanto a porção basal foi observada a cerca de 450 m. A Figura 36, em [18], mostra também a correlação litológica da transgressão do Jurássico Inferior.

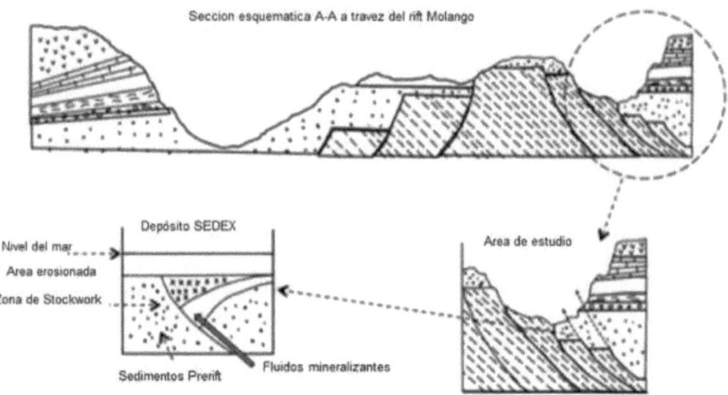

Figura 36, Secção esquemática através do rift de Molango.

Entretanto, o mecanismo possível para a configuração atual da fenda do Molango deve-se à geometria estrutural pré-existente que remonta talvez ao Proterozoico, com a formação de pilares tectónicos desencadeada por tensões compressivas que provocam a sua emersão.

Por outro lado, durante o Jurássico, as tensões extensionais predominam e continuam esta tendência até ao final do Jurássico Superior; mas as tensões mudaram de direção para a compressão no Cretácico durante a Orogenia Laramide, para finalmente reativar a extensão no Pliocénico. Por conseguinte, a litologia mudou de natureza, de modo que o Jurássico Inferior na zona é predominantemente marinho, o Jurássico Médio continental, o Jurássico Superior, o Cretácico marinho e, finalmente, o Pliocénico continental.

Figura 36, esquema da disposição deposicional das formações que afloram no núcleo do rifte.

Por outro lado, é de referir que a bacia estudada neste trabalho foi denominada como bacia do tipo riff de acordo com os critérios de Jowett [6], os quais foram cumpridos da seguinte forma:

Fluxos de basalto e rochas bimodais ^gneiss

Tanto a Formação Tlanchinol quanto a Formação Atotonilco El Grande consistem em rochas bimodais. A primeira consiste em derretimentos e fluxos basálticos intercalados com sequências félsicas (riolitos) e outros piroclastos Robm [38], enquanto a Formação Atotonilco El Grande consiste em basaltos intercalados com tufos de composição rio-cítica, dacítica e andesítica.

Linhas longas controladas por falhas

As estruturas geológicas mais notáveis da área são delimitadas por falhas que correm no sentido NE-SE, como é o exemplo da sela de Naopa e do graben de Molango. Ochoa Camarillo [34] mencionou lineamentos controlados por falhas para o sistema de dobras que ele chamou de Anticlinorio de Huayacocotla, ao descrever o comportamento estrutural da Sierra Madre Oriental, ele mencionou lineamentos que se comportam da mesma maneira.

Topografia de fossos e pilares geradores de bacias e cristas

A área de estudo foi afetada por eventos de extensão e compressão que geraram a topografia atual onde existem bacias delimitadas por cadeias montanhosas cujas estruturas correspondem a grabens e horst.

Isto pode ser verificado através da avaliação da densidade das estruturas, que dá uma indicação da força ou fraqueza cortical da área de estudo. Por outro lado, a alteração do declive é indicativa da natureza tectónica de uma estrutura e mostra possíveis relações com falhas ou fracturas. Entretanto, na área de estudo, foi efectuada a análise das principais estruturas da Figura 37, a sua análise tectónica e a resistência à erosão para estabelecer as dispersões geoquímicas. Verifica-se que a maioria das tensões são positivas, com maior ocorrência de estruturas do tipo horst, que formam pilares.

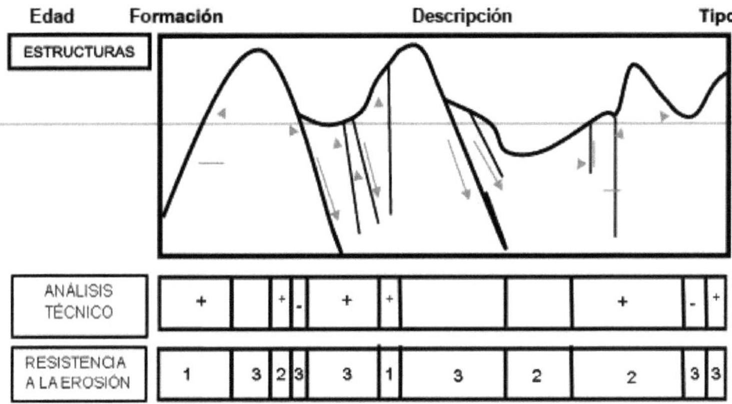

Figura 37. Análise da resistência à erosão.

Da mesma forma, de acordo com a natureza e o grau de erosão de cada formação, é importante avaliar a relação com as estruturas tectónicas, porque uma rocha incompetente erode mais rapidamente e o halo de dispersão pode ser maior. As formações foram classificadas na tabela 2 em três tipos de resistência à erosão, tipo 1, alta resistência, tipo 2, média resistência, e tipo 3, baixa resistência.

Quadro 2, Resistência à erosão

Valor	Resistência à erosão
1	BAJA
	MODERADO
	ALTA

Além disso, na tabela 3, a relação da litologia com a erosão mostra que as rochas mais duras são menos susceptíveis à erosão, pelo que o basalto é o número um, ou seja, baixa erosão, enquanto as rochas de alta erosão são exibidas pela Formação Santiago argilosa.

Quadro 3: Relação litologia/erosão

Miocénico **Topo**	Tlanchinol	Derrames de lava bimodais	1
Jurássico **Topo**	Pimenta	Lamitos de cor clara, limpos ou com pouca argila, microforaminíferos planctónicos e lentes de sílex.	
Jurássico **Topo**	Chipoco	Calcários portadores de manganês com intercalações de xistos calcários.	
Jurássico **Topo**	Santiago	cinzento, que se transforma em xistos calcários castanho-acastanhados ou castanho-avermelhados, com nódulos calcários intercalados.	
Jurássico **Médio**	Tepexic	Calcários impuros de cor cinzenta a cinzenta escura, de grão grosseiro, com muitos grãos de quartzo.	

| Jurássico Médio | Cahuasas | Sedimentos de origem continental constituídos por arenitos, conglomerados e leitos vermelhos. |
| Jurássico Inferior | Huayacocotla | xistos negros bandados, xistosos e fracturados, contendo também alguns estratos espessos de arenito |

Para calcular o fator de erosão, tal como indicado no quadro 4, correspondente às diferentes litologias, calculou-se a superfície exposta de acordo com o seu tipo entre o comprimento estimado do canal. Calculado da seguinte forma por Knea de afloramento (campo).

Quadro 4: Cálculo do fator de erosão A

neaA	Área de superfície (Has)	Da direita para a esquerda $^{\wedge\wedge}2 \quad {-}^{1}$	Fator
1	100 /	[3,3 X 500]= 606,061 m(1 ha/10.000 m) =	0.06
	100 /	[0.9+0.6+0.5+0.3+0.5+0.4+1+0.5+0.5 * 500]	0.04
	100 /	[2.5+0.8+1.4*500]	0.04
	100 /	[1+0.8+0.5+*500]	0.09
5	100 /	[2.8+2.4+1*500]	0.03
	100 /	[0.8+1.4+0.5+0.2+0.8+1.4*500]	0.4
	100 /	[2.2+1.5*500]	0.5
8	100 /	[0.5+1.2*500]	0.12
	100 /	[0.9+1.5+1.3*500]	0.05
10	100 /	[1.6+1.9+0.6+1+0.9+0.1*500]	0.05
	100 /	[1+0.4+1 +1.7+0.2+0.5+0.6+1.3*500	0.03
	100 /	[1 + 1.2+0.3+0.5*500	0.07

1=100has

Quadro 5: Cálculo do fator de erosão B

Lmea (Campo) B	Área de superfície (Has)	Da esquerda para a direita	Fator
	100 /	[0,5+1,2+0,3+0,7 * 500]= (1 ha/10.000 m) = (1 ha/10.000 m) =	0.07
	100 /	[1+0.3+1.7+0.5* 500]	0.06
	100 /	[0.4+0.2+1.4+0.7+0.5+1.2+1*500]	0.04
	100 /	[0.8+0.3+0.6+0.5+1.5*500]	0.05
	100 /	[0.9+1.0+0.8*500]	0.07
	100 /	[0.7+0.8+0.3*500]	0.11
	100 /	[0.5+1.3+0.2+1.6+0.8*500]	0.05
	100 /	[0.5+1.5+2.2+0.5+0.8*500]	0.04
21	100 /	[1.2+0.8+0.6+1.5*500]	0.05
	100 /	[0.7+1.1 + 1+0.4*500]	0.06
23	100 /	[2+1.3+1.5+0.7+0.8+0.7*500]	0.03
	100 /	[1+0.5+1 + 1.2+1.2+1.8*500	0.03

Quadro 6: Cálculo do fator de erosão C

Lmea (Campo) C	Área de superfície (Has)	Da esquerda para a direita i	Fator
25	100 /	[2,2+1,8+1,6+1,6+0,3 * 500]= (1 ha/10.000 m) =	0.03

		(2,2+1,8+1,6+0,3 * 500]= (1 ha/10.000 m) =	
26	100 /	[1.2* 500]	0.17
	100 /	[2.0+1.0+0.7+0.7*500]	0.05
	100 /	[1.0+0.4*500]	0.14
29	100 /	[1.5+0.7*500]	0.09
30	100 /	[0.5+1.5*500]	0.10
31	100 /	[1.0*500]	0.20
	100 /	[2.2+1.7*500]	0.05
	100 /	[2*500]	0.10
	100 /	[1.5+0.7*500]	0.09
35	100 /	[1.0+2.2+1.5+1.0*500]	0.04
	100 /	[1.9+1.5+1.7+1.3+1.2+0.7+0.3+1.2*500	0.02

Quadro 7: Cálculo do fator de erosão D

Lmea (Fiel) D	Área de superfície (Has)	Da esquerda para a direita	Fator
	100 /	[0,8+1,2 * 500]= (1 ha/10.000 m) = (1 ha/10.000 m) =	0.10
	100 /	[0.7+0.8* 500]	0.13
	100 /	[0.9+0.2*500]	0.18
40	100 /	[1.0+0.6*500]	0.13
	100 /	[1.2+1.2+1.4*500]	0.05
42	100 /	[1.8+0.3+0.5+0.8*500]	0.06
43	100 /	[1.5+1.2+1.4+4.1*500]	0.05
	100 /	[1.2+0.6+1.1+0.2*500]	0.07
45	100 /	[1.5+0.7*500]	0.09
46	100 /	[0.3+0.6+1.4*500]	0.09
	100 /	[1.2+1.0+0.7*500]	0.07
48	100 /	[0.5+1.4+1.8+2.0+0.2*500	0.03

Tabela 8. Cálculo do fator de erosão E

Linha (Campo) E	Área de superfície (Has)	Da esquerda para a direita	Fator
49	100 /	[0,7+0,5+1,0+1,0+1,2 * 500]=(1 ha/10.000 m) =	0.06
50	100 /	[1.4+0.2+1.3* 500]	0.07
51	100 /	[2.0+1.0+0.3+1.5+0.6*500]	0.04
52	100 /	[1.2+1.2+0.7+0.5*500]	0.06
	100 /	[0.9+0.8+1.4+0.5+0.6*500]	0.05
	100 /	[1.0+1.4+0.7+0.8+1.0+1.0+0.5*500]	0.03
55	100 /	[1.3+0.7+0.7+1.4+1.9+1.0+0.5*500]	0.03
56	100 /	[0.5+1.0+0.6+0.6+1.5*500]	0.05
	100 /	[1.6+1.9+1*500]	0.04
58	100 /	[1.0+1.4+0.6+0.6+1.5*500]	0.04
59	100 /	[0.3+0.7+0.5+0.8+0.7*500]	0.07
	100 /	[0.2+1.4+0.8*500	0.08

A partir do cálculo do fator para cada área, as zonas com os gradientes de erosão são apresentadas no quadro. A taxa de sedimentação é maior quando:

Existem valores decrescentes até ao mínimo, 0,02, além disso, 0,03, 0,04, 0,05, 0,06, 0,07,

0,08, 0,09, 0,10. Os menos erodidos são: 0,11, 0,12, 0,13, 0,14, 0,15, 0,16, 0,17, 0,18, 0,19 e 0,20.

Tabela 9: Mostra as zonas de erosão, note-se a coincidência com os hortos e pilares tectónicos.

A	0.07	0.03	0.03	0.05	0.12	0.05	0.04	0.03	0.09	0.04	0.04	0.06
B	0.07	0.06	0.04	0.05	0.07	0.11	0.05	0.04	0.05	0.06	0.03	0.03
C	0.03	0.17	0.50	0.14	0.09	0.10	0.20	0.05	0.10	0.09	0.03	0.02
D	0.10	0.13	0.18	0.13	0.05	0.06	0.05	0.07	0.09	0.09	0.07	0.03
E	0.06	0.07	0.09	0.06	0.05	0.03	0.03	0.05	0.04	0.04	0.07	0.08

4. Alterações laterais de fácies.

Formações de Chipoco-Taman

Cahuasas mudança de litologia^a conglomerados de leito vermelho em Ixtlahuaco e em Tepehuacan areias de leito vermelho e condições oxidantes.

Lapsos de 20-25 m.a de sedimentação rápida passando de 65-70 m.a para sedimentação lenta:

A deposição das formações sedimentares continentais foi relativamente rápida:

A Formação Cahuasas foi datada por Carrillo-Bravo [31], com base na sua posição estratigráfica, como sendo mais jovem do que o Pliensbachiano e mais velha do que a parte Calloviana do Jurássico Médio.

Erben [35] propõe uma idade caloviana para esta unidade, enquanto na Sierra Madre Oriental Cantu-Chapa [30] atribui uma idade caloviana média para a Formação Tepexic.

Por outro lado, as formações de sedimentação lenta são constituídas por formações deposicionais de águas profundas.

A Formação Chipoco segundo Cantu-Chapa [28] interpreta esta unidade como tendo um intervalo estratigráfico desde o Batoniano até ao Caloviano.

Cantu-Chapa [30] atribui à Formação Santiago uma idade média a tardia do Caloviano-Oxfordiano.

AnomaKas magnéticos e gravidade positiva Infere-se que a crosta continental é fina em comparação com as espessuras regionais.

A carta magnética 1:50000 (Figura 38) da região de Molango mostra uma série de anomaKasmagnéticas que se destacam na parte sudoeste da carta, onde existem zonas com uma intensidade superior a 350 Nanoteslas coexistindo lateralmente com zonas de - 350 Nanoteslas. Do mesmo modo, observa-se uma variação positiva da intensidade.

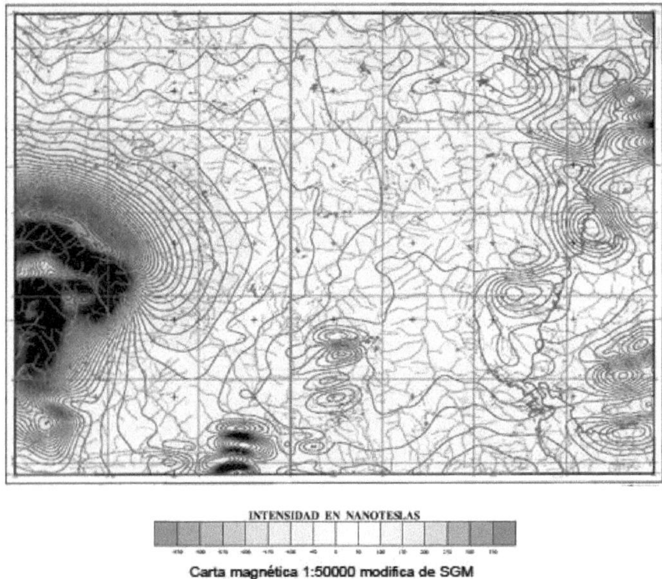

Figura 38, magnetismo com direção NW-SE.

3.1 Resultados dos métodos de exploração geoquímica Difração de raios X (XRD)

Amostra (F-HUAYA01) Formação Huayacocotla

A amostra de mão F-HUAYA01 foi retirada de um afloramento da Formação Huayacocotla localizado nas coordenadas N 20°44.644' e W 98°42.566' a uma altitude de 1524 m.a.s.l. A amostra tem uma cor cinzenta clara, textura arenosa e uma dureza de 7. Os minerais encontrados nesta amostra estão distribuídos com mais de 75% de quartzo, 10% de feldspatos, 5% de fragmentos líticos e 20% de minerais minoritários, incluindo pirite, galena, calcopirite e jarosite. Por conseguinte, de acordo com a classificação de Pettijohn *et al.*, 1973. É classificado como um quartzoarenito. A Figura 39 mostra o difractograma da amostra F-HUAYA01 onde foi possível identificar os seguintes minerais: Pirite (99101-3104), Quartzo Alto (99-200-3992), Quartzo Alfa (01-089-8936), Albite (99-100-0593).

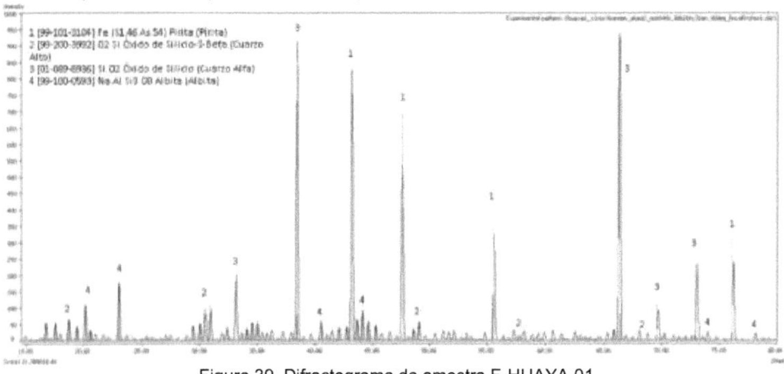

Figura 39. Difractograma da amostra F-HUAYA 01

Amostra (F-TEPEX01) Formação Tepexica

53

A amostra F-TEPEX01 foi retirada da Formação Tepexica, situada nas coordenadas N 20° 444.977' W 98° 42.957' a 1530 m de altitude. Trata-se de um calcarenito cinzento claro, meteorizado e cinzento escuro quando fresco, com uma textura arenosa que reage com ácido clorídrico.

A Figura 40 mostra o difractograma da amostra F-TEPEX01 onde foi possível identificar os seguintes minerais: Calcite (01-086-2342), Montmorilonite (00-003-0010).

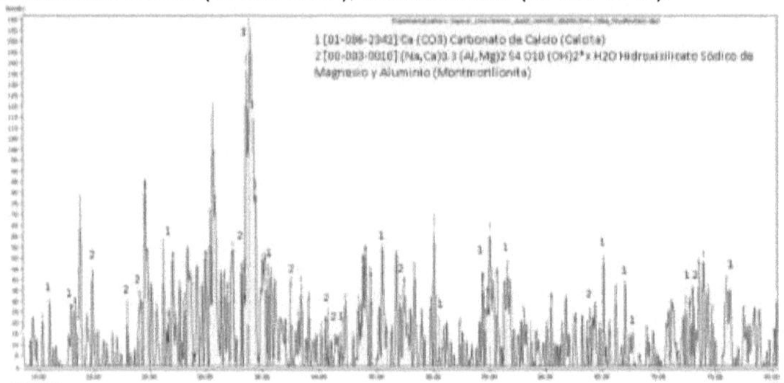

Figura 40. Difractograma da amostra F-TEPEX01

Amostra (F-SANT01) Formação Santiago

A amostra F-SANT01 foi recolhida nas coordenadas N 20°46.697' e W 98°43.563' a 1767 msnm, afloramento da Formação Santiago, trata-se de um xisto intemperizado castanho acastanhado e fresco cinzento claro, a amostra apresenta pequenos fósseis que não foi possível identificar. A figura 41, representa o difractograma da amostra F-SANT01 onde foi possível identificar os seguintes minerais: Hidroxiapatite (01-079-0685), Ankerite (01-083-15319), Dolomite (01-084-2024) e Calcite (00-003-0612).

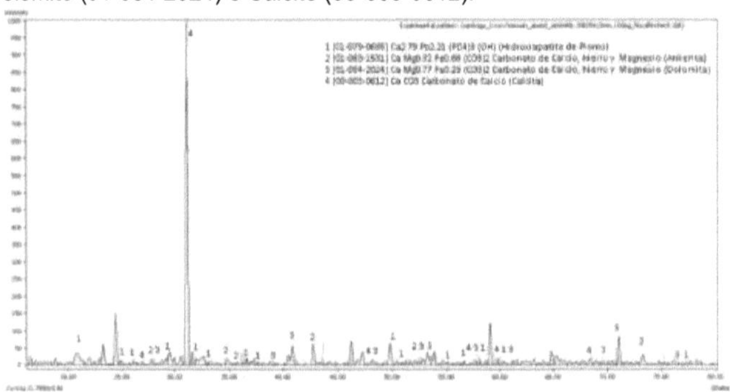

Figura 41. Difractograma da amostra F-SANT01

Amostra (F-CHIP01) Formacion Chipoco

A amostra F-CHIP01 pertence à Formação Chipoco e foi recolhida de um afloramento localizado nas coordenadas N20°43.539' e W 98°42.982'. A amostra é um calcário escuro com tons avermelhados intemperizados e cinzentos enegrecidos quando fresco, tem uma textura fina e reage com ácido clorídrico. A Figura 42 mostra o difractograma da amostra F-CHIP01 onde foi possível identificar os seguintes minerais: Óxidos de Manganês (99-001-1737), Rodocrosite (00-001-0981) e Pirrotite (00-024-0220).

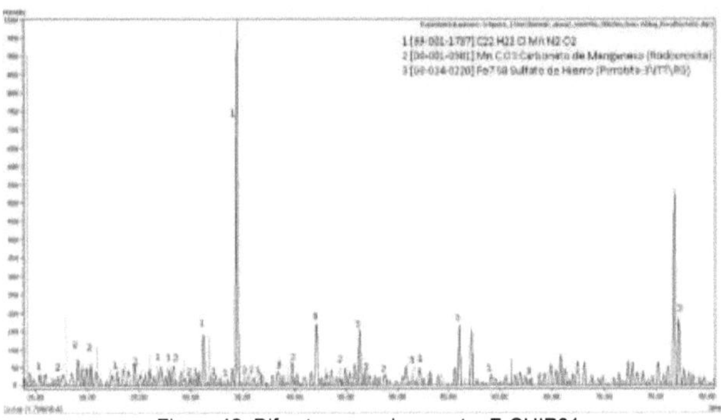

Figura 42. Difractograma da amostra F-CHIP01

Amostra (F-ATOTO01) Formação Atotonilco

A amostra F-ATOTO01 foi retirada de um afloramento da Formação Atotonilco, localizado nas coordenadas N 20° 20'11.2" e W 98°42'24.9" com altitude de 2006 m.a.s.l., esta amostra é um tufo riolítico de cor bege claro. A figura 43 mostra o difractograma da amostra F-ATOTO01, onde foi possível identificar os seguintes minerais: feldspato (99-100-1836), albite (99-100-5774) e quartzo (00-003-0419).

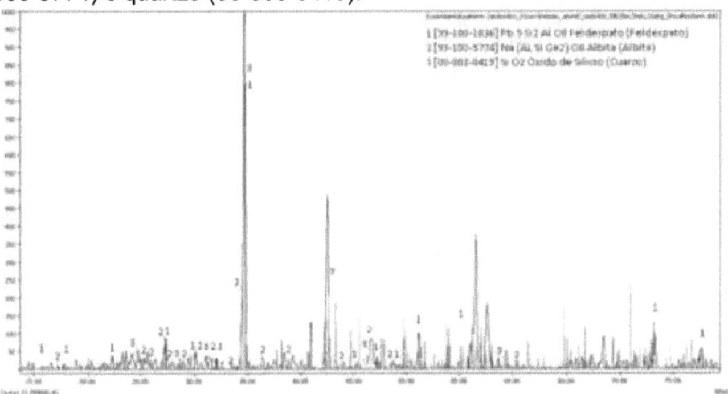

Figura 43 Difractograma muestra F-ATOTO01

As fases minerais encontradas nas amostras acima forneceram evidências do ambiente deposicional, bem como das condições da bacia durante a formação da bacia.

Por meio de XRD foi possível identificar a abundância relativa de pelo menos 4 minerais predominantes no depósito estudado através da amostra de núcleo de perfuração retirada da formação Huayacocotla. Estes são: Quartzo (PDF: 00-046-1045), albita (00003-0508), carbonato de cálcio (01-087-1863), óxido de alumínio (00-050-1496) e pirita (01-076-0964).

Tabela 10: Razão mineral e ambientes de formação

		Fases minerais	Ambiente de formação	Condições de formação
Formação Atotonilco	---	Feldspato (99-100-1036) Albite(99-100-5774) Quartzo (30-003-0419)	Vulcânico	Oxidante
Formação Chipoco		Óxidos de manganês (99-001-1737) Rodocrosite (00-001-0981) Pirrotite (00-024-0220)	Mar profundo	Oxidante
Formação Santiago		Ankeritai01-083-15319) Dolomite (01-084-2024) Calcite (00-003-0612)	Marítimo calmo em fácies de bacia	Caixa de velocidades

Formação Tepexic		Calcite (01-086-2342) Montmorillonite (00-003-0010)	Da costa à profundidade	Oxidante
Formação Huayacocotla		Pirite (99-101-31 04) Quartzo elevado (99-200-3992) Quartzo Alfa (01-089-8930) Albite (99-100-0593)	Profundidade da linha de costa	Caixa de velocidades

3.1 Registo de testemunhos

Foi obtido um núcleo de perfuração de 9 metros de comprimento e 1,23 polegadas de diâmetro, Figura 44, de quartzo arenito utilizando uma sonda de perfuração Winkie Portable de 2 ciclos a gás com motor arrefecido a ar, e os primeiros 3 metros foram descritos de cinco em cinco centímetros para estudos iniciais.

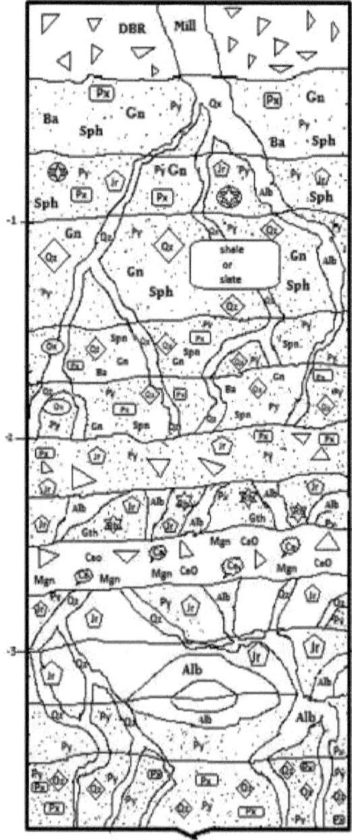

0-35cm. Zona de rocha alterada e material brechado.

35-70cm. Apresenta zonas de silicificação, sulfuretos como a pirite disseminada (Py), galena (Gn) e esfalerite (Sph),

70-100cm. Esta secção apresenta drusas constituídas por minerais como a jarosite (Jr), o quartzo (Qz) e a albite (Alb). Contém pirita disseminada e

100-150cm. Esta zona apresenta sulfuretos como a pirite e a galena, nódulos de quartzo, canais de condução de quartzo e albite, podendo observar-se um fragmento de um canal de quartzo e albite.

150-175cm. Observam-se minerais como a pirite, galena, esfalerite, piroxénios, bem como nódulos e canais de condução de quartzo e albite.

175-200cm. Esta zona apresenta galena, pirite e esfalerite, barite, pfroxenos, canais de condução e nódulos de

200-225cm. Zona brechada com presença de minerais como a jarosite, piroxénios e pirite disseminada.

225-250cm. Presença de canais de condução de quartzo que percorrem toda a secção, com goetite, jarosite, rubídio e pirite disseminada na periferia.

250-275cm. Material brechado com caliche, talco, magnesite e óxidos de cálcio.

275-300cm. Presença de canais de condução de quartzo e albite, com jarosite e pirite na periferia.

300-325cm. Ao longo desta zona existem vários canais de condução e na periferia existe pirite.

325-350cm. Esta zona apresenta veios de quartzo e albite à sua volta, com pirite disseminada.

350-375cm. Estão presentes canais de condução de quartzo e albite, e minerais como quartzo nodular, pirite disseminada e piroxénios encontram-se na periferia.

Figura 44. Descrição do furo de sondagem

3.1.1 Resultados da análise por plasma acoplado induzido (ICP)

As análises ICP de amostras recolhidas de um núcleo de perfuração foram interpretadas para comparar a abundância elementar entre as zonas mineralizadas delineadas neste trabalho como um ponto de prospeção para um depósito SEDEX na Formação Huayacocotla não mineralizada e uma amostra de condrito normalizado (UCC) (Taylor & McLeannan) Figura 45. A análise produziu os seguintes resultados: 82 ppm para Ba, 0,9 % Al, 0,17 % Ca, 1,64 % Fe, 0,08 % Ti, 40,8 % Si, Bi 2 ppm, 20 ppm Ce, 2,2 ppm Co, 30 ppm Cr, Cs 2,7 ppm, 0,9 ppm de Er, Ga 2,5 ppm, 1,6 ppm, 1,6 ppm de Er, Ga 2.5 ppm , 1,6 ppm de Gd , Ge 1,5 ppm , 9 ppm de La, 71 ppm de Li , 104 ppm de Mn, 10 ppm de Nd , 17 ppm de Rb, 2ppm de Se, Sr 9 ppm , 10 ppm de Ta , Te 6 ppm , 1,3 ppm de U , V 28 ppm , 9 ppm , e 0,7 ppm de Yb. Enquanto em menor proporção de metais preciosos encontrados como Au <0,02 g / t, Pd <0,05 g / t, Pt <0,05 g / t. Observa-se que os elementos liofílicos de grande ião (LILE) Cr = 30 e Th = 1,8 em relação aos parâmetros da crosta continental superior (UCC; Mclenan) mostram um enriquecimento. Ao apresentar um aumento destes elementos, podemos inferir uma proximidade com a rocha proveniente desta rocha detrítica. Por outro lado, os elementos vestigiais de transição (TTE): V =28ppm, Cr =30 Cobalto =2,2 Cu = 7 Ni = 10 estão presentes numa concentração mais elevada do que na condrite, o que está associado à natureza félsica do depósito e ao vanádio uma afinidade com elementos do grupo da platina.

Da mesma forma, apresenta valores elevados para os elementos de terras raras leves lantanídeos (LREE), enquanto os valores para os elementos de terras raras pesadas (HREE) e tório, Y = 8:8 Gálio = 2,5 são inferiores aos valores dos condritos de Mclenan.

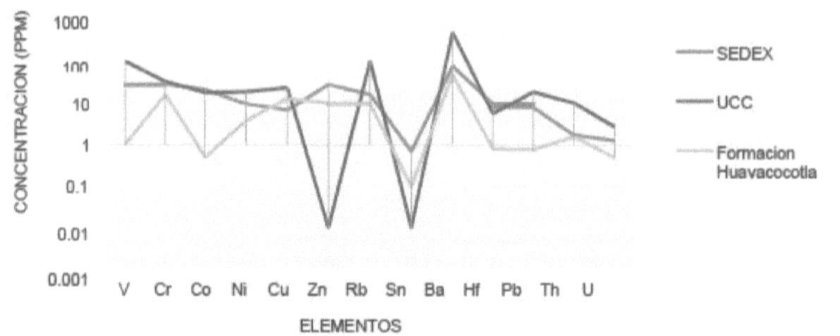

Figura 45: Tabela de concentrações de elementos UCC McLenan/Sedex/F.Huayacocotla.

3.1.2 Resultados da microscopia eletrónica de varrimento e da espetrometria de dispersão de energia (SEM-EDS)

Para a microscopia eletrónica de varrimento, foi recolhida uma amostra representativa de dois metros (huaya_2) para observar o tipo de texturas que geralmente estão presentes na amostra, com a qual se descreveu o seguinte: na Figura 46, mostram-se diferentes microestruturas, onde se observam três zonas representativas A (pirite framboidal), B (minerais argilosos), C (gémeos de albite).

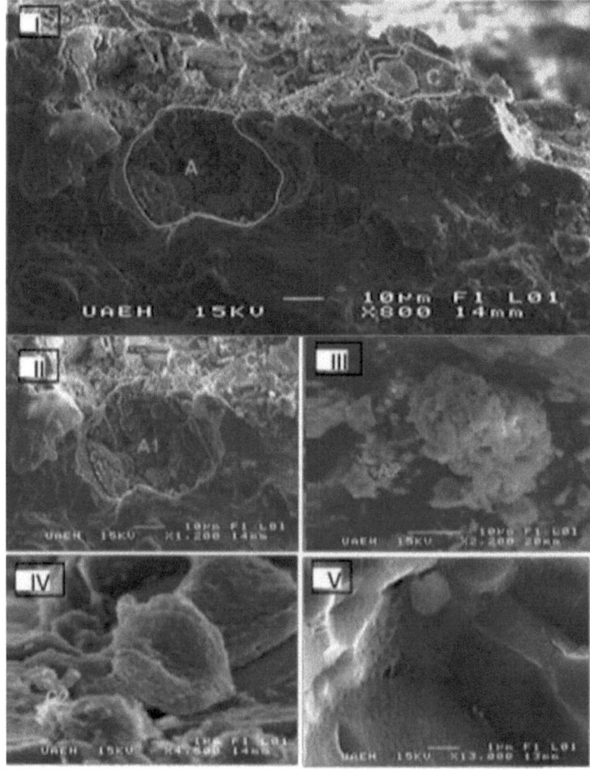

Figura 46, microestruturas de um mineral SEDEX

Nelas é possível observar em I parUculas que se apresentam na ordem das 10 pm em que se distinguem partfculas anedrais. II, uma aproximação de um resto de estrutura framboidal; em III uma estrutura framboidal de pirite, possivelmente causada por atividade bacteriana, em IV uma aproximação de um framboide de pirite, e em 3 uma estrutura geminada de albite no centro.

Nos diagramas seguintes, figuras 47, 48 e 49, está representada a interação dos elementos ouro e prata em relação aos elementos cobre, chumbo e platina, respetivamente, representando a distribuição às profundidades de um metro, dois metros e três metros, respetivamente.

No diagrama ternário Au+Ag+Cu, observa-se que para a profundidade de um metro representada pela palheta azul o elemento com maior teor é o ouro, no entanto, na amostra recolhida a dois metros de profundidade representada pela palheta verde, a prata encontra-se em maior proporção, posteriormente para a amostra recolhida a três metros de profundidade representada pela palheta vermelha, os teores de cobre em ppm diminuem para 0,06.

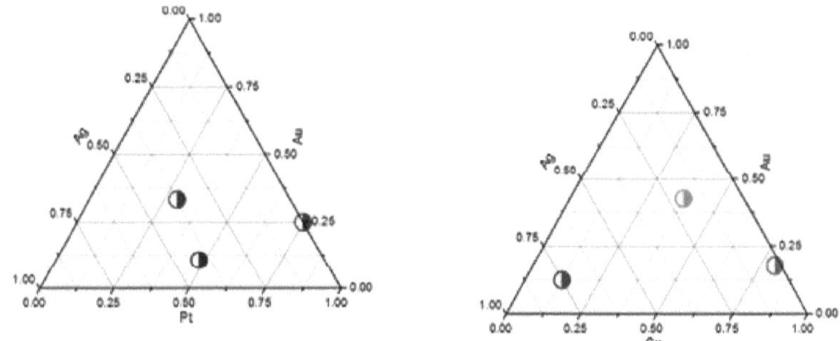

Figura 47. Diagrama ternário Au+Ag+Cu. Figura 48. Diagrama ternário Au+Ag+Pt.

No diagrama ternário Au+Ag+Pt verifica-se que para a profundidade de um metro representada pela videira cereja e para a profundidade de dois metros representada pela videira azul predomina o teor de Au, enquanto que para a profundidade de três metros representada pela videira roxa predomina o teor de Au, enquanto que para a profundidade de três metros representada pela videira roxa predomina o teor de Au.

No diagrama ternário Au+Ag+Pb verifica-se que a um metro de profundidade, representado pela vinheta verde, a amostra apresenta uma maior abundância de Au, por outro lado, a amostra a dois metros de profundidade, representada pela vinheta azul, apresenta uma predominância de Au.

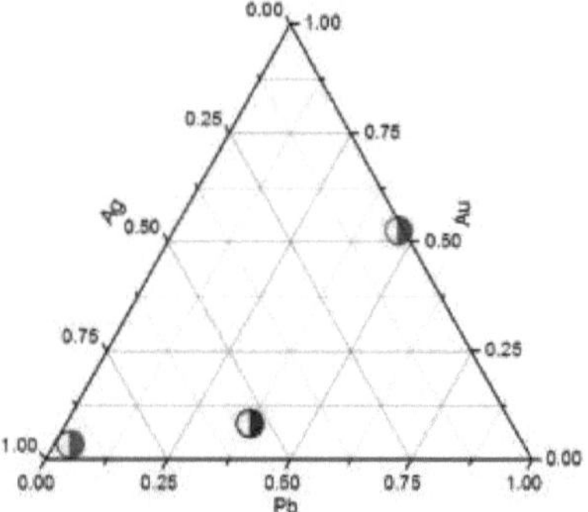

Figura 49. Diagrama ternário Au+Ag+Pb Teor de Ag, enquanto que para a amostra de três metros representada pela vinha da cerejeira o elemento maioritário é o Pb.

No diagrama Al203+Fe2O3+MgO figura 50, a vinheta vermelha representa a amostra recolhida a um metro e onde se observa a predominância de Al203, bem como a amostra a dois metros.

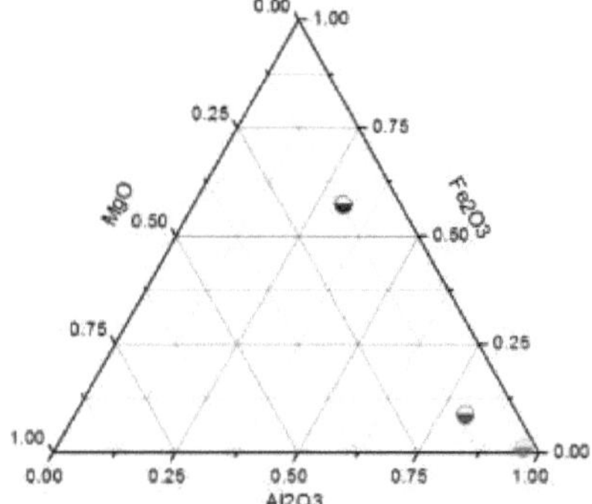

Figura 50: Diagrama ternário Al203+Fe2O3+MgO

em verde, por outro lado, a amostra a três metros em azul é dominada por Fe2O3 .

No diagrama Al203+Fe2O3+CaO Figura 51, no primeiro metro representado pela vinheta vermelha, nos dois metros representados pela vinheta verde há um predomínio de Al203 enquanto que, para os três metros representados pela vinheta azul, o CaO se encontra em maior quantidade.

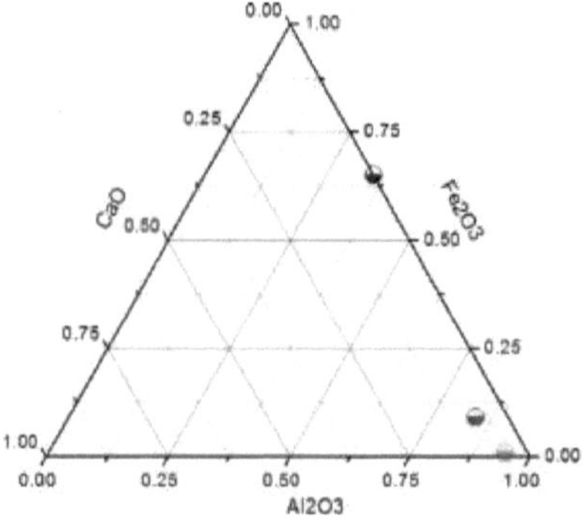

Finalmente, no diagrama Al203+Fe2O3+SiO2 Figura 52, observa-se que nas profundidades as amostras apresentam uma tendência para o SiO2

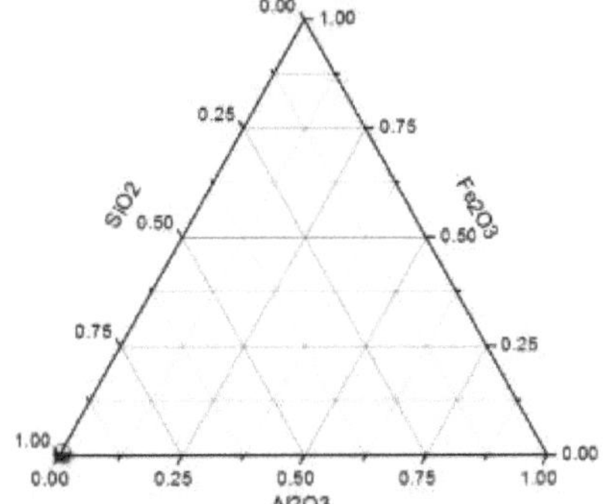

Figura 52. Diagrama Al203+Fe2O3+SiO2

DISCUSSÃO

Método indireto de prospeção mineral: O método de prospeção mineira aqui proposto, tem como objetivo a prospeção de mineralizações em rochas sedimentares cujos minerais se encontram preferencialmente alojados em estratos ou relacionados com estes por relações estratigráficas de transgressões marinhas, sobre rochas de origem continental e assim encontrar e evidenciar vestígios susceptíveis de conter mineralizações numa determinada área. Embora a sua aplicação aqui se refira apenas às rochas sedimentares, pode também ser utilizada indiretamente para definir outras litologias, como nas rochas gnáissicas e metamórficas, que podem conter mineralização. Além disso, é de notar que os depósitos sedimentares estão muito difundidos e ocorrem em todas as épocas geológicas, desde o Proterozoico até à atualidade, e a diferentes profundidades. Por outro lado, ocorrem variações seculares na abundância de depósitos sedimentares, por exemplo na área de estudo, durante o Jurássico Inferior, mas a abundância de ocorrências também pode ser determinada por correlação com outros grandes depósitos minerais já em exploração.

Caracterização do depósito de minério: Na análise geoquímica de elementos vestigiais como o Cr e o Th, devido à sua baixa mobilidade, estes são considerados adequados para determinar a proveniência e a configuração tectónica [30]. Como se pode ver nos resultados, há um enriquecimento de elementos de iões grandes como Cr=80ppm e Th=25ppm; todos são mais elevados do que o conteúdo médio de um xisto árido de Huayacocotla. Por outro lado, os teores (em ppm) de oligoelementos de transição V=89, Co=15,8, Cu=331 e Ni=41,5, são baixos porque a afinidade do depósito pode ser félsica ou ácida. De facto, enquanto o teor de Cr e Ni é baixo, o teor de V pode estar associado à ocorrência de metais como a platina, o paládio e o ouro. Além disso, este depósito tem uma maior concentração de terras raras leves (LREE) do que o Clarke, porque os valores (em ppm) para terras raras pesadas (HREE) são baixos para Y=32,3 e Ga=21. Por este motivo, pode inferir-se a presença de minerais REE associados, como a monazite (Ce, La, Nd, Th, (PO4)) e a bastnasite. É importante notar que o anomaKa negativo de HREE para Eu e Hf em relação a Clarke confirma a depleção de HREE e reafirma a afinidade félsica do depósito, e a possibilidade de sua origem ser de um protoKtico gnáissico, pois a mineralização de La tem maiores concentrações de LREE. Da mesma forma, um Ta anomaKa negativo mostra uma afinidade sedimentar do depósito mineral. Por outro lado, o anomaKa negativo de enxofre pode ser devido à presença de pirita formada pela redução de sulfato no ambiente marinho. ambiente de idade Jurássica Inferior. Além disso, os possíveis teores de carbono orgânico, a presença de pirite em clastos de enxofre botroidais agregados e os baixos teores de metais de base, as baixas relações Ag/Au e os teores menores de arsenopirite e pirrotite podem dever-se à natureza silistlástica *típica dos ambientes Rift.*

Da mesma forma, a área de estudo, de acordo com os resultados obtidos, pode ser classificada como um rift, tal como descrito por Jowet, apresentando, para além do vulcanismo bimodal, padrões controlados por falhas, gravidade positiva e taxas de sedimentação rápidas em períodos curtos de tempo que mudam a taxas lentas em períodos longos. Finalmente, a Formação Huayacocotla, na qual se encontra este depósito, tem uma grande semelhança em aspectos litológicos, estratigráficos e cronológicos com outro depósito encontrado na Formação San Cayetano, que também foi classificado como SEDEX e está localizado na zona de Matahambres, em Cuba.

CONCLUSÕES

I.   Foi desenvolvido e avaliado, através de trabalho de campo, um método inovador de Exploração Mineral, com o qual foram encontrados depósitos sedimentares na parte oriental do estado de Hidalgo, México. Este método, baseado no estudo de transgressões, foi denominado "Metodo Indireto de Exploration Minera".

II.   A mineralização encontrada está fortemente ligada a um controlo sedimentar; está também intimamente relacionada com uma transgressão marinha de idade Jurássica Inferior.

III.   Os afloramentos minerais encontrados são constituídos por dois tipos de mineralização. O primeiro é do tipo filoniano, onde a exalação. Foram observados rakes do tipo stock-work na base. E o segundo, de tipo estratiforme, formado por uma sequência de arenitos e xistos de origem marinha, mutuamente concordantes. Esta litologia preliminar é o Hpico encontrado em várias formações do SEDEX.

IV.   De acordo com a caraterização por secções delgadas, secções polidas, metamorfismo e fragmentos cataclásticos, a pirite e o quartzo foram encontrados mecanicamente deformados, o que é indicativo da existência de tectonismo antigo e do movimento de transgressões. Da mesma forma, minerais de ambiente redutor, como a pirita, foram encontrados na forma botrioidal, indicando sua origem marinha. Do mesmo modo, foi possível identificar micro-veias repletas de quartzo e pirite disseminada, minerais de remobilização como a calcopirite e, finalmente, a monazite; todos eles possivelmente originários de uma stock-work.

iv. Da análise efectuada por ICP, bem como da caraterização complementar realizada por XRD, SEM-EDS; conclui-se que o minério encontrado contém valores adequados de metais preciosos como Au, Ag, Pt e Pd, bem como alguns elementos de terras raras, uma vez que os seus valores estão acima da classificação média feita por Clarke. vi. Tudo o que foi dito contribui para estabelecer que 86

Em função dos resultados obtidos, este afloramento é um depósito do tipo SEDEX com potencial mineiro. Além disso, estes resultados validam a aplicação do Método de Exploração Mineral Indireta para encontrar depósitos sedimentares através do estudo de transgressões, mas podem ser modificados para encontrar qualquer tipo de depósito, dependendo das suas principais características litológicas.

REFERÊNCIAS

1. WaliArain, A.Y.; ShakoorMastoi, A.; DaaharHakro, A.A.A.; AhmedRajper, R.; AfzalJamali, M.; RazaBahatti, G.; Bhatti, W. Uma revisão preliminar sobre a metalogenia de depósitos de Pb-Zn hospedados em sedimentos no Baluchistão, Paquistão. Earth Sci. Malasya, 2021, 5(1), 19-26. DOI: 10.26480/esmy.01.2021.19.26

2. Ishihara, S.; Kanehira, K.; Sasaki, A.; Sato, T.; Shimazaki, Y. Geologia dos depósitos de Kuroko. Min. Geol., 1974, edição especial, volume 6, pp. 435.

3. Eldridge, C.S.; Barton, P.B. & Ohmoto, H. Mineral textures and their bearing on formation of the Kuroko ore bodies. Pub.geoscienceworld.org, 1983, DOI: 10.5382/Mono.05.15

4. Santoro, L.; Putzolu, F.; Mondillo, N.; Boni, M. e Herrington, R. Influência dos processos genéticos na geoquímica de Fe-oxi-hidróxidos em depósitos supergénicos de Zn sem sulfureto. Minerals, 2020, 10(7), 602. DOI: 10.3390/min10070602

5. Castillo-Oliver, M.; Melgarejo, J.C.; Torro, L.; Villanova-de-Benavent, C.; Campeny, M.; D^az-Acha, Y.; Amores-Casals, S.; Xu, J.; Proenza, J. e Tualer, E. Sandstone-Hosted Uranium Deposits as a Possible Source for Critical Elements: The Eureka Mine Case, Castell-Estao, Catalonia. Minerals, 2020, 10(1), 34. DOI: 10.3390/min10010034

6. Jowett, E.C. Efeitos do rifting continental na localização e génese de depósitos estratiformes de cobre-prata. Sediment-hosted stratiform copper deposits. Associação Geológica do Canadá, Documento Especial, 1989, 36, 53-66.

7. Dostal, J. e Gerel, O. Occurrence of Niobium and Tantalum Mineralization in Mongolia (Ocorrência de mineralização de nióbio e tântalo na Mongólia). Minerals, 2022, 12(12), 1529. DOI: 10.3390/min12121529

8. Balaram, V. Potential Future Alternative Resources for Rare Earth Elements: Opportunities and Challenges [Recursos alternativos potenciais para os elementos de terras raras: oportunidades e desafios]. Minerals, 2023, 13(3), 425. DOI: 10.3390/min13030425.

9. Liu, X.; Yang, K.; Rusk, B.; Qiu, Z.; Hu, F. e Pironon, J. Remobilização e mineralização de sulfeto de cobre durante o metamorfismo retrógrado paleoprotezórico nos depósitos de cobre de Tongkuangyu, Craton do Norte da China. Minerals, 2019, 9(7), 443 DOI: 10.3390/min9070443

10. Wang, J.; Wang, X.; Liu, J.; Liu, Z.; Zhai, D. e Wang, Y. Geologia, Geoquímica e Geocronologia do Gabro do Depósito de Ouro Haoyaoerhudong, Margem Norte do Craton do Norte da China. Minerals, 2019, 9(1), 63. DOI: 10.3390/min9010063

11. Kui-Feng, Y.; Hong-Rui, F.; Pirajno, F.; Liu, X. Fracionamento do isótopo de magnésio na diferenciação do magma máfico-alcalino-carbonatitico e do fundido rico em Fe-P-REE em Bayan Obo, China. Ore Geo. Rev., 2023, volume 157, 105466. DOI: 10.1016/j.oregeorev.2023.105466 12. Obaidalla, N.A.; Mahfouz, K.H. & Metwally, A.A. Mesozoic Sedimentary Succession in Egypt. In: The Phanerozoic Geology and Natural Resources of Egypt. Cham: Springer International Publishing, 2023, p. 169-219.

13. Ogden, C.S.; Bastow, I.D.; Ebinger, C.; Ayele, A.; Kounoudis, R.; Musila, M.; Bendick, R.; Mariita, N.; Kianji, G.; Rooney, T.O.; Sullivan, G.; Kibret, B. O desenvolvimento de múltiplas fases de rifting sobreposto na Depressão de Turkana, África Oriental: Evidências a partir de funções de recetor. Earth Plan. Sci. Letters, 2023, volume 609, 118088. DOI: 10.1016/j.epsl.2023.118088

14. Jara, R.E.G.; Ghiglione, M.C.; Galliani, L.R.; & Mpodozis, C. From rift to foreland basin: A case example from the Magal-lanes-Austral basin, southernmost Andes. Basin Research, 2023, 35(3), 865-897. DOI: 10.1111/bre.12739

15. Sillitoe, R.H. & Rodriguez, G. Mineralização de cobre em leito vermelho exalativo em travertino, Planalto de Puna, noroeste da Argentina. Miner Deposita, 2023, 58(2), 243-261.

DOI: 10.1007/s00126-022-01134-y

16. Walter, B.F.; Giebel, R.J.; Siegfried, P.; Doggart, S.; Macey, P.; Schiebel, D.; Kolb, J. The genesis of hydrothermal veins in the Aukam valley SW- A far field consequence of Pangean rifting? J. Geochem. Explo. 2023, volume 250,   107229. DOI: 10.1016/j.gexplo.2023.107229

17. Lisboa, L.H.D.; Filho, C.F.F.; Monteiro, L.V.S. & Mansur, E.T. Composições de gahnita, granada e manganita de depósitos de Zn-Pb-(CuAg) hospedados em sedimentos metamorfossedimentares do Grupo Nova Brasilândia Mesoproterozóico: vetores para depósitos SEDEX com afinidades do tipo Broken Hill no Cráton Amazônico ocidental, Brasil. J. Geochem. Explor., 2023, volume 249, 107210. DOI: 10.1016/j.gexplo.2023.107210

18. Cerecedo-Saenz, E.; Rodriguez-Lugo, V.; Hernandez-Avila, J.; Mendoza-Anaya, D.; Reyes-Valderrama, M.I.; Moreno-Perez, E. e Salinas-Rodriguez, E. Mineralização de Terras Raras, Platina e Ouro em um Depósito Sedimentar, Encontrado Usando um Método Indireto de Exploração. Aspects Min Miner Sci, 2018,   1(2),   1-9. DOI: 10.31031/AMMS.2018.01.000510

19. Perez-Vazquez, R.G.; Melgarejo i Draper, J.C. O depósito Matahambres (Pinar del Rio, Cuba): estrutura e mineralog^a (Em espanhol). Ata geologica hispanica (em espanhol), 1998, Vol.   33,   Num. 1,   pp.   133-152. https://raco.cat/index.php/ActaGelogica/article/view/75549

20. Okita, P.M. Mineralização de carbonato de manganês no distrito de Molango, México. Econ Geo, 1992, 87(5): 1345-1366. DOI: 10.2113/gsecongeo.87.5.1345

21. Wang, J.; Xuexiang, G.; Jinchi, X.; Yongmei, Z.; Yiwei, P.; Liangtao, L. New Insights into the Tectonic Setting and Origin of the Haerdaban Pb-Zn Deposit. Tianshan Ocidental Chinês: Evidências de Geologia, Geoquímica de Chert e Geocronologia U-Pb de Zircão Detrital. Publicado em 13 de junho de 2023, 57 páginas, Disponível em SSRN: https://ssrn.com/abstract=4477187 ou https://dx.doi.org/10.2139/ssrn.4477187

22. Cawood, T.K.; Rozendaal, A. & Spry, P.G. Discussion on "Syn-metamorphic sulfidation of the Gamsberg zinc deposit, South Africa" by Stefan Hohn, Hartwig E. Frimmel, and Westley Price. Miner Pretol, 2023, DOI: 10.1007/s00710-023-00821-6

23. Creus, P.K.; Sanislav, I.V.; Dirks, P.H.G.M.; Jago, C.M.; Davis, B.K. The Dugald Rivertype, shear zone hosted, Zn-Pb-Ag mineralisation, Mount Isa Inlier, Australia. Ore Geo Rev, 2023, volume 155, 105369. DOI: 10.1016/j.oregeorev.2023.105369

24. Liu, W.; Mei, Y.; Etschmann, B.; Glenn, M.; MacRae, C.M.; Spinks, S.C.; Ryan, C.G.; Brugger, J.; Paterson, D.J. Germanium speciation in experimental and natural sphalerite: Implications for critical metal enrichment in hydrothermal Zn-Pb ores. Geo Cosmochem Ata, 2023, volume 342. pp. 198-214. DOI: 10.1016/j.cga.2022.11.031

25. Conde, C.; Tornos, F.; Danyushevsky, L.V. & Large, R. Laser ablation-ICPMS analysis of trace elements in pyrite from the Tharsis massive sulphide deposit, Iberian Pyrite Belt (Spain). J Iberian Geo, 2021, 47, pp. 429-440. DOI: 10.1007/s41513-020-00161-w

26. Williams, N. Light-Elements Stable Isotope Studies of the Clastic-Dominated Lead-Zinc Mineral Systems of Northern Australia and the North American Cordillera: Implications for Ore Genesis and Exploration. In: Huston, D.; Gutzmer, J. (eds) Isotopes in Economic Geology, Metallogenesis and Exploration. Mineral Resource Reviews. Springer, Cham. DOI: 10.1007/978-3-031-27897-6_11

27. Staude, S.; Raisch, D. & Markl, G. Sulfide anatexis during high-grade metamorphism: a case study from the Bodenmais SEDEX deposit, Germany. Miner Deposita, 2023, 58. pp. 987-1003. DOI: 10.1007/s00126-023-01166-yAguayo-Camargo, J. E. (1977). Sedimentação e diagénese da Formação Chipoco (Jurássico Superior) em afloramentos, Estados de Hidalgo e San Luis Potosi. *Revista do Instituto Mexicano do Petróleo*, 11-37.

Barry Maynard, J., & D. Klein, G. (1993). Análises de Dubsidência Tectónica na

Caracterização de Depósitos de Minério Sedimentar: Exemplos de Witwatersrand (Au), White Pine (Cu), e Molango (Mn). *Geologia Económica* , 37-50.

28. Cantu-Chapa, A. (1969). Estratigrafia do Jurássico Médio-Superior do Subsolo de Poza Rica; Ver. *Revista do Instituto Mexicano do Petróleo, v. 1* , 3-9.

29. Cantu, Chapa, A., 1971, La Serie Huasteca (Jurasico Medio-Superior) del Centro Este de Mexico: Revista del Instituto Mexicano del Petroleo, 3, 17-40.

30. Cantu-Chapa, A. (2001). Mexico as the Western Margin of Pangea based on Biogeographic evidence from the Permian to the Lower Jurassic. *AAPG* , 1-27.

31. Carrillo-Bravo, J. (1965). Estudo geológico de uma parte do anticlinório de Huayacocotla. *Boletin de la Asociacion Mexicana de Geologos Petroleros, v.17*, 73-96.

32. Cerecedo Saenz, E. (2003). Mineralização de Cu e Ag no Rift Triássico-Jurássico do leste do México.

33. Cerecedo Saenz, E., Salinas R., E., Cantu C., A., Patino C., F., Ramirez C., M., HernandezA., J., et al. (2009). A Formação Chipoco e sua relação estratigráfica com os possíveis depósitos manganesíferos de Chichapala; Veracruz. *Revista de investigação científica do CIMMMySH* , 40-52.

34. Ochoa-Camarillo, H.R., 1997, Aspectos bioestratigraficos, paleoecologicos y tectonicos del Jurasico (anticlinorio de Huayacocotla) en la region de Molango, Hidalgo, in Gomez-Caballero, A., Alcayde-Orraca, M. (eds.), II Convencion sobre la Evolucion Geologica de Mexico y Recursos Asociados, Pachuca, Hidalgo, México: México, Universidad Autonoma del Estado de Hidalgo, Instituto de Investigaciones en Ciencias de la Tierra, UAEH, Instituto de Geolog^a, UNAM, Symposium and Colloquium, unpaginated.

35. Erben, H. (1956). O Jurássico Inferior do México e seus amonites. *Congresso Geológico Internacional* (p. 393). México, D.F.: Monografia.

36. Imlay, R.W, 1953, The Jurassic Formations of Mexico: Boletm de la Sociedad Geologica de Mexico, 16, 1-65.

37. Hermoso-de la Torre, C., & Martinez-Perez, J. (1972). Medição pormenorizada das formações do Jurássico Superior na Frente da Serra Madre Oriental. *Associação Mexicana de Geólogos Petrolíferos*, 45-64.

38. Robin, C., 1976b, Las series volcanicas de la Sierra Madre Oriental (basaltos e ignombritas) description y caracteres quimicos: Revista Instituto de Geolog^a, Universidad Nacional Autonoma de Mexico, 2, 12-42.

39. Abelardo Cantu Chapa (1998), Las transgresiones Jurasicas de Mexico, Revista mexicana de ciencias geologicas, volumen 15, numero1 , 1998,p 25-37, Universidad Autonoma de Mexico, Instituto de Geologia y Sociedad Geologica Mexicana, Mexico DF.

40. Kirkham, R.V., 1989, Distribution, setting and genesis of sediment-hosted stratiform copper deposits, in Boyle, R.W., Brown, A.C., Jefferson, C.W., Jowett, E.C., Kirkham, R.V. (eds.), Sediment-hosted stratiform copper deposits: Geological Association of Canada, Special Paper 36, 3-38.

41. Goodfellow, W.D., Lydon, J.W. (2007) Sedimentary exhalative (SEDEX) deposits. In: Goodfellow, W.D. (Ed.) Mineral deposits of Canada: a synthesis of major deposit types, district metallogeny, the evolution of geological provinces, and exploration methods. Publicação Especial da Associação Geológica do Canadá 5, 163-183.

42. Peter Bartok (1993) Prebreakup geology of the Gulf of Mexico-Caribbean: Its relation to Triassic and Jurassic rift systems of the region. P Bartok. Tectónica 12 (2), 441-45

More Books!

yes I want morebooks!

Buy your books fast and straightforward online - at one of world's fastest growing online book stores! Environmentally sound due to Print-on-Demand technologies.

Buy your books online at
www.morebooks.shop

Compre os seus livros mais rápido e diretamente na internet, em uma das livrarias on-line com o maior crescimento no mundo! Produção que protege o meio ambiente através das tecnologias de impressão sob demanda.

Compre os seus livros on-line em
www.morebooks.shop

info@omniscriptum.com
www.omniscriptum.com

OMNIScriptum

Printed by Books on Demand GmbH, Norderstedt / Germany